每天学一点

神奇催眠术

张伊宁◎著

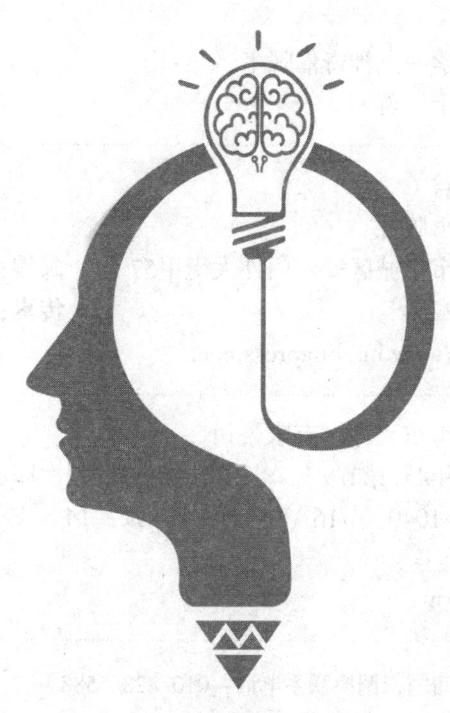

责任编辑：林欣雨
责任印制：李未圻
封面设计：颜　森

图书在版编目（CIP）数据

每天学一点神奇催眠术 / 张伊宁著. --北京：华龄出版社，2017.9

ISBN 978-7-5169-1058-0

Ⅰ. ①每… Ⅱ. ①张… Ⅲ. ①催眠术－基本知识 Ⅳ. ①B841.4

中国版本图书馆CIP数据核字（2017）第223791号

书　　名：每天学一点神奇催眠术
作　　者：张伊宁　著

出 版 人：胡福君
出版发行：华龄出版社
地　　址：北京市东城区安定门外大街甲57号　　邮编：100011
电　　话：58122254　　传真：58122264
网　　址：http://www.hualingpress.com

印　　刷：三河市东兴印刷有限公司
版　　次：2018年4月第1版　　2019年5月第2次印刷
开　　本：710 × 1040　1/16　　印　　张：14
字　　数：140千字
定　　价：32.00元

（如出现印装质量问题，调换联系电话：010-82865588）

前 言

一只怀表来回摇摆，一个人眼神呆滞地凝视着那只来回晃动的小小的怀表……时间随着怀表的嘀嗒声一点一点地流逝着，而怀表晃动的幅度也变得越来越小、越来越慢……这个人觉得眼皮越来越沉，身体越来越僵硬疲惫，就像要睡着的样子……这个时候，一个低沉的声音发出了指示：“睡吧！”于是，这个人就随着指示倒在椅子上，进入了催眠状态，做出一些理智状态下不会做的举动，甚至会说出埋藏在心底的秘密……

一提到催眠，大部分人的脑海中浮现的是类似上面的画面。这个场面在影视剧中屡见不鲜。

然而，这并不是催眠的全部，只是催眠的一个细枝末节——一种被称为“凝视法”的催眠术的应用。

真正的催眠术，其实没有影视剧中表现的那么神秘莫测，它不过是一种功效十分神奇的古老而又年轻的心理治疗方法罢了。它和其他很多学科一样，有着漫长而不为人知的过去，有着精彩而不断发展的现在，同时有着严谨而周密的理论。

说催眠古老，是因为早在古希腊、古罗马及中国古代，催眠就已经有了实际应用，然后麦斯麦发明了“动物磁流”疗法来治疗精神疾病。后来，催眠大师艾瑞克森又对催眠操作方法进行了改进，催眠才真正成为催眠师对患者进行身心治疗的工具，同时也成了一门沟通的艺术。

说催眠年轻，是因为它的命运坎坷，一直被误解和歪曲，被人们忽视甚至恐惧。直到20世纪50年代，催眠才在科学界得到了应有的尊重与承认，才在很多国家得到了广泛地传播，并真正成为一门有理有据的应用科学。

现在，人们还在努力探讨催眠术的奥秘，使其不断地科学

化、系统化、规范化。在很多国家有名望的大学、医院里，都设有催眠研究室，并把催眠应用于医学、教学、产业等领域的可行性研究中。

而随着研究的深入，心理学家们渐渐地发现，我们的生活其实充满了催眠体验。当我们非常投入地看影视剧作品时，当我们在即将上台表演前深吸一口气调节紧张情绪时，当我们在春运前的售票窗口排队沉浸于回家后见到亲朋好友的幸福想象中时，当我们在无聊的课堂上听着老师单调乏味的声音昏昏欲睡时……这些都是日常生活中最简单的催眠体验。

心理学家还发现，催眠术是打开人们心扉的一把钥匙，它能给人以智慧和启迪，而最主要的是它可以作为一种心理治疗技术，对许多疑难杂症都有很好的治疗效果，使焦虑、忧郁、恐惧等症状得到控制。

种种的医学实践表明，催眠术对于神经症、生理障碍、儿童行为及心理障碍、神经系统的某些障碍都有着很好的治疗效果。在治疗抑郁症、强迫症、焦虑症、紧张症、恐惧症、怯场症、自卑症、厌学症、神经衰弱症、过度压力症、自信缺乏症、失恋痛苦症、社交恐惧症以及性心理障碍等，催眠术都有着其他心理疗法所难以比拟的优势；对于治疗高血压、哮喘、手术后疼痛、皮肤病、痔疮、口吃、脱发等生理性疾病也有着神奇的疗效；对于儿童咬指甲、遗尿、偏食等不良行为以及多动症等有着非常好的治疗效果。

可见，催眠不仅是打开人们心扉的一把钥匙，还是维护人们身心健康的保护伞。因此，学习一点儿催眠术就十分必要了。而如何学习催眠术并有效利用催眠术来塑造强大的内心、维护身心健康、解决生活问题呢？这本书将告诉你答案。

目录

第一章 神奇的催眠术，究竟是怎么回事

第二章 催眠的历史，原来这么悠久

第八章 催眠唤醒：从催眠状态中醒来

第九章 自我催眠，其实一点也不难

第十章 学点催眠术，轻松应对身心问题

第十三章　有趣的催眠现象，你知道多少

神奇的催眠术，究竟是怎么回事

什么样的人才能被催眠

很多打算尝试催眠的人，向催眠师提出的最常见的问题就是“我能被催眠吗”，回答往往是“是的”。一个人要是非要硬着头皮说自己有足够的意志力来抵抗催眠，那将是非常荒唐可笑的事情。

其实，催眠就好比一种力量——一种属于大脑的力量。催眠是你曾经多次进入的一种精神状态，或操作过程。虽然有时你可能意识不到。举个例子，当你在看电视或阅读小说的时候，就有可能已经进入催眠状态了。催眠治疗师把它称作“催眠行为”。催眠行为与催眠治疗的不同在于，后者的目的是让受催眠者进入一种指定的状态，并利用这种精神力量在实践中获益。比如说，电视节目制作人会通过广告来引导你进入催眠行为，从而去购买他们推销的产品；一个政治领袖会在演讲中，利用自己关于精神领域的知识去感染那些听众。

对于每个人来说，催眠既是一种技巧也是一种天赋。技巧是需要你去学习和练习的东西，天赋则是你本身所具备的能力。几

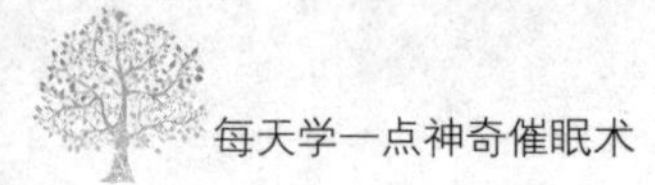

乎每个人都具备一定程度的催眠方面的天赋。所以，可以肯定地说“你是可以被催眠的”。

为了便于理解，我们把关于催眠的技术和天赋比作一个人的音乐天赋。很多人都有使用乐器的天赋（哪怕它是潜在的）。经过多次尝试、接触和练习，这些人会变得非常熟练，甚至会变成杰出的音乐家。还有一些在音乐方面极有天赋的人，只需要极少的练习或培训，就可能以出色的表现来震惊听众。然而，有些人先天听力失聪，也就没有音乐天赋了，对他们来说，再多的练习也不可能帮助自己在音乐方面获得成功。

对于催眠而言，大多数人都一样，都存在着一定被催眠的潜质。至于你能够在催眠方面变得多么熟练，很大程度上取决于你有多大的兴趣以及你的练习程度。也许你具备这方面的天赋，可以选择简便、迅速地进入深度催眠。如果你想去参加舞台催眠表演，那么催眠师一定会注意到你，而你也很可能成为这方面的明星。你可能以惊人的效率来催眠自己，而不用像别人那样，需要经过大量的练习才能做到。还有极个别的人，天生就没有一点被催眠的天赋，因而也就不可能被催眠，不管他们怎么去尝试。这种催眠缺陷产生的原因可能是由于精神或智力方面的失调导致的，也可能是一些大脑内部组织受损导致的。幸亏这只是个别现象。

如果天生就具备催眠的潜质，那么你可以充分利用这种潜质，不断地完善这种技巧，尽快进入催眠。那么你肯定会问：“有多快啊？”答案有两种：一种是你可能进入极度深层的催眠状态，另一种是你只进入了初步的催眠状态，但是必须牢记以下信息：“初步的，中间状态的催眠，对于你想要达到的最终自我完善的目的，都是不可或缺的过程。”

这句话的意思是说，只要你不是那种对催眠没有任何反应的人，你就可以通过不断的努力，达到催眠，实现自己的目标。至于你能够达到哪种程度的催眠，很大程度上取决于你的决心和练习。最乐观的情况就是，在你第一次尝试催眠的时候，就能成功，这样在以后的催眠过程中，你会越做越好，越做越快。

催眠的三个阶段

根据对催眠现象的总结，人们将催眠分为以下三个阶段。

第一阶段：活动控制。在这个阶段，受催眠者虽然意识清楚，但肌肉有催眠反应。这种肌肉的控制从接近脑部的眼睑开始，依次向右臂、左臂、脊背、腰和双脚扩散，使人进入虽想抵抗，但行动被控制的催眠状态。如果问从此催眠阶段中醒来的人，他会说：“我没被催眠，你让我不要睁开眼睛，我虽然确实没睁开，但我知道只要我想睁开还是能睁开的。”事实上，他已经进入了催眠状态，但由于有意识，因此认为这不是催眠。

第二阶段：知觉控制。受催眠者自我理解的加强和顾虑消除，使暗示能够被接受到更深的心理层次，产生的催眠现象和前面相比有质的区别。催眠师可以让受催眠者的视觉、听觉、味觉、嗅觉、触觉准确地产生反应。

视觉控制：向受催眠者暗示某个风景或特定的人，他就会像做梦时那样，眼前产生幻觉。

听觉控制：可以使受催眠者产生幻听。

嗅觉控制：可以使受催眠者感到有花草的芳香或某种食物的味道。

味觉控制：可以暗示受催眠者烟、酒味道不好，使受催眠者感觉历来觉得可口的烟酒也会苦口。这种效果在催眠者醒来后仍会持续下去，可以用来戒烟、戒酒。

触觉控制：引起很强的痛感控制，即掐受催眠者手足，用针刺其身体也会不感到疼痛。因此，即使不用麻醉药也可以进行无痛拔牙等简易手术。

这个阶段是自我催眠的最高限度。由于能人为地制造“印象”，想象某个情景，就可以对一些事提前进行准备。比如，必须要面对大庭广众讲话，就可以制造情景，在心理上进行预演。

第三阶段：记忆控制。这是催眠的最高状态，自我催眠无法做到。这是在催眠他人时，对受催眠者进行催眠分析所必需的阶段。

本阶段意识完全丧失。在唤醒受催眠者时，如果暗示说：“催眠中的事全忘了。”他醒来后就会全然不记得催眠中的事了，即能够产生暂时丧失记忆的状态。

由于被暗示性极强，因此受催眠者也接纳跳跃性很强的暗示。如果给予“你是某某”的暗示，受催眠者就会以某某自居，站在某某的立场上回答各种问题，这叫转换人格。暗示能使人完全变成另一个人，也能使人模仿动物或无生命物体。

潜意识是进入催眠的钥匙

潜意识理论是弗洛伊德提出的重要理论，它也被形象地称为“冰山理论”。弗洛伊德是精神分析学的奠基人，潜意识理论是弗洛伊德最重要的理论之一。这个理论本来只用于心理学领域，后来被广泛应用于历史、文学、影视、美术、医学等方面。在催眠理论里，潜意识理论也起着非常重要的作用。只有弄明白了潜意识理论，才能够真正懂得催眠的原理。

弗洛伊德认为，人的心理就像海面上的冰山，在水面上露出来的只是很小的一部分，大部分处于水面之下。水面上的就是我们能意识到的，叫意识；水面下的则是我们不能意识到的，叫潜意识。同时在这二者之间存在着一个前意识，如同冰山与水面交界的那部分一样，前意识游离于意识与潜意识间，可能转化为意识，也可能转化为潜意识。

这三个层次组成一个动态心理结构，它们始终处在相互渗透、流动变化之中。如果三者处在协调平衡状态，那么就是正常人的心理结构，具有常态的性质。如果三者处在不平衡的紊乱状态，那么就是非正常人的心理结构，具有非常态的性质。

潜意识占据人类整个心理活动的大部分，人们每时每刻都在追求着潜意识的满足。它是人的本能冲动、被压抑的欲望和本能冲动的替代物的贮藏库，它不受客观现实的调节，而是由自己的本能决定。在一定条件下有一部分潜意识会进入意识，另外一部分则永远不能被察觉。潜意识对人们的行为和思想往往起着决定性的作用。

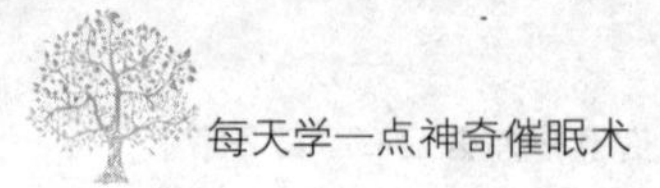

弗洛伊德非常看重潜意识的作用，他认为潜意识在某种程度上决定着人的发展，所以他把精力主要用于对人的潜意识的研究。他的这种认识曾被许多欧美学者运用和发展，成为精神分析学说的基本概念。

潜意识作用说指出，催眠现象的原理在于催眠师设法减弱了受催眠者的意识作用，使受催眠者的潜意识部分被打开，使其由此接纳暗示。也就是说，在催眠状态中，受催眠者被动地接受暗示，主要是因为其潜意识对催眠师的暗示进行感应，所以没有自觉性与自主性，而完全听从于催眠师的指令。若在清醒状态，意识作用占主导地位，潜意识就会被压抑下去，则不会感应到暗示。

妙不可言的催眠性恍惚

我们常在影视剧里看到这样的画面：催眠师对受催眠者实施催眠术后，受催眠者变得精神恍惚，像是在梦游。这到底是怎么回事呢？

别小看了这种看上去像梦游的恍惚状态，它可是催眠过程中的一个非常重要的部分。在受催眠者被催眠师施加催眠后，其意识开始时一般都非常清晰，甚至比没催眠的时候更加清晰。而在催眠的过程中，我们大脑的注意力随着催眠师的操作慢慢变得高度集中，注意不到其他事情，我们慢慢开始摆脱自己的意识对大脑的束缚，慢慢开始接受催眠师的指令。这时，我们感觉自己的大脑似乎不是很清醒，似乎陶醉在另一个世界里。

实际上，这是催眠中必然会出现的现象，受催眠者在催眠状态下的这种身心状态也被形象地称为“恍惚状态”。又因为这种恍惚状态是催眠时产生的，为了与其他的恍惚状态区别开，它又被称为“催眠性恍惚”。

生活中我们常常会进入恍惚状态，如上课时神游天外，老师提问你都没听见；坐在公园的长椅上等朋友，无聊中开始做起了白日梦，朋友喊你半天，你却没有任何反应。这些都是恍惚状态，只不过这些状态都是自然条件下不自觉地进入的，而催眠性恍惚是催眠条件下催眠师诱导产生的。

恍惚状态是一种妙不可言的状态。在这种状态下，人们通常能获得轻松愉快的感觉，这是由身心放松产生的，催眠性恍惚更是如此。催眠师常会给我们“全身放松、深呼吸”等暗示，在暗示下我们的身体会进入一种很轻松的状态，身体的轻松带来心理的放松，大脑便会很自然地进入恍惚状态。在催眠师的进一步暗示下，我们的恍惚状态会加深，轻松感也会越来越强烈，甚至让你不想从催眠中苏醒。

在进入催眠性恍惚后，我们不想做事情，也不愿意去想问题，大脑会放松警惕，充分享受这种轻松感。如果催眠师什么都不做，我们也会什么都不做，慢慢地转入睡眠状态或者醒来。这种恍惚状态是一种很被动地接受指令的状态，这也是催眠性恍惚状态与我们日常生活中的恍惚状态的最大不同之处。

催眠，是从注意力窄化开始的

有一些人在阅读书籍的时候非常忘我，他们甚至听不到有人

在旁边喊他们，因为这个时候他们的注意力完全在阅读书籍上或在由书籍内容产生的想象里，除此的信息全部被大脑过滤掉了。这就是一种被称为注意力窄化的现象。

注意力窄化实际上就是注意力高度集中，不受其他事情的影响。这种现象在生活中是很常见的。我们平常走路时会注意到身旁的人和动物、经过的车辆、路过的建筑和树木、街旁的音乐和气味等，也许我们没有对那些事物做出什么反应，但是我们其实已经注意到了它们的存在。我们的注意力并没有高度集中在任何事情上，而是很分散地放在了身旁的所有事物上。如果这时视野里那条不起眼的狗突然冲了过来，你会很自然地做出反应，因为你的注意力并没有窄化到注意不到它的存在的程度。而在我们的注意力高度集中在这条狗的身上时，我们思维的“视野”就会变窄了。

以上所说的属于日常生活中的注意力窄化，而在催眠时人们出现的则是另外一种完全不同的现象。日常生活中的注意力窄化几乎都是人们自主进行的，并没有接受谁的暗示和引导，这种现象被称为主动性注意力窄化。然而，在催眠中出现的高度窄化的注意力并不是被催眠的人主动进行的，而是在催眠师的暗示性语言下慢慢形成的。

在被催眠时，人们的身体会慢慢放松，意识水平下降，注意力被催眠师引导，整个过程中受催眠者并没有主动做什么事情，这就是被动性注意力窄化。

无论是主动性注意力窄化还是被动性注意力窄化，伴随着注意力窄化现象的发生，我们几乎都会进入到恍惚的状态。不过，恍惚状态并非只有注意力窄化能够引起。在日常生活中，我们也常常进入到恍惚状态，比如我们为买某样东西而在排着很长的队伍中百无聊赖等候时，会慢慢觉得周围的声音越来越小、越来越远，我们似乎来到了另外一个世界，这个世界里什么都是雾蒙蒙、轻飘飘的，身旁的一切都像是幻象一样。我们的注意力不在那些身旁的事物上，到底在哪里我们自己也不知道。直到突然有一个人拍了拍你的肩膀，你才身体一震，如梦初醒，回到了现实世界。这种恍惚状态不是由注意力窄化引起的，而是由注意力分散引起的。在这种恍惚状态下，我们并不是听不见身旁的声音，感觉不到身旁的事物变化，只是我们的注意力没有集中在这些事物上。如果这个时候有催眠师在耳旁给我们暗示，我们会充耳不闻，因为我们的注意力并不在催眠师那里，也没有发生窄化。

在催眠时被催眠人由被动性注意力窄化进入的恍惚状态与生活中那种注意力分散引起的恍惚很不相同。在催眠时，我们的注意力在催眠师的暗示下变得高度窄化，完全集中在催眠师的声音里，接受催眠师的指令，这时，催眠也就开始了。

催眠的本质是暗示

心理学家认为，催眠的本质是暗示。不可否认，暗示是催眠中最重要的组成部分，关系到催眠最终的成败，每种类型的暗示所产生的作用也各有不同。

一般情况下，人们将催眠中使用的暗示分为两种：一种是让受催眠者清楚地知道催眠师的意图而使用的暗示，另一种是为了不让受催眠者知道催眠师真正意图而把意图隐藏起来的暗示。前者被称为直接暗示，后者被称为间接暗示。

催眠师将对一个上台怯场的人催眠。催眠师对他说："你不会再怯场了。"这样的暗示就是直接暗示。与此相对的是，催眠师对他说："每次上台前，你也不知道为什么，自己就会做几个深呼吸，心情就变得很平静，紧张感也消失了。"这样的暗示便是间接暗示。在这个间接暗示里，隐藏起来的信息就是"你需要在上台前深呼吸，这样会让你的紧张感慢慢消失，从而让你不怯场"。

暗示还有其他的划分方式。例如，从催眠的阶段来看，为了让受催眠者进入催眠状态所使用的暗示被称为诱导暗示；从受催眠者进入催眠状态后进行的、为了加深催眠程度而使用的暗示被称为深化暗示；在催眠状态下为解决受催眠者的困扰而使用的暗示被称为治疗暗示；对觉醒后的行动使用的暗示被称为后催眠暗示；使受催眠者遗忘暗示本身或催眠时的事所使用的暗示被称为健忘暗示；为使受催眠者从催眠中醒来使用的暗示被称为解催眠暗示。

另外，暗示还可以从性质上分为消极暗示与积极暗示，从来源上分为自我暗示与环境暗示，从方向上分为正向暗示与反向暗示，等等。

催眠的本质就是暗示的应用，但不是简单的暗示应用。催眠中暗示语言种类的选择以及层次性的编排都是经过认真推敲的。有一些略懂催眠的人认为，可以借助催眠状态下当事人潜意识开放，信息接受能力大大加强的特点，采取直接而积极的暗示即可，实际并非如此。在催眠过程中，催眠师往往会根据实际的需要，采取数种暗示混合使用的方式，以获得最佳的暗示组织模式，从而取得最好的暗示效果。

感觉信号的处理：催眠暗示的传递途径

为什么催眠师仅仅靠语言的暗示就能够让人进入催眠状态？被催眠的人为什么能够在催眠师的暗示下，看见不存在的东西，或者能看不见近在眼前的东西？催眠暗示是怎么起作用的呢？

要明白这些问题，我们首先要理解这样一个原理。当我们看到一棵树的时候，你也许很快就会说出一句："看，那棵枫树好漂亮啊！奇怪，为什么现在叶子还没红呢？"在整个过程中，你的大脑发生了什么呢？

首先是这棵树反射的光映入了你的眼帘，眼睛把视觉信号传递给大脑；大脑在初级视觉皮层识别出了树的轮廓，然后把图案传送到更高级的区域辨认出颜色，然后再传送到更高一级的区域，破译出树的属性以及关于特定的树的其他常识。这就是视觉信号的处理过程。

相同的还有触觉、听觉、嗅觉等感觉信号，这些感觉信号被神经细胞束传送到全身。其中，反方向的信息传递，也就是从高端到低端的信息传递称之为"反馈"。自上而下传递信息的神经纤维的数量是自下而上传递信息的神经纤维的十倍，如此大量的反馈途径表明了意识是建立在"自上而下的处理过程"基础之上的。

也就是说，只要我们的大脑认出某个信号，这个信号就会让我们的感官发生变化。所以只要改变了大脑里的感受，我们的眼睛鼻子等都会发生改变。

实际生活中有很多这样的案例，曾经有科学家做过这样的实验：给不知情的疼痛的病人一颗像镇痛药一样的糖，也能让病人感觉到疼痛减轻。这是因为病人认为自己吃过镇痛药了，疼痛就会减轻，因此也就感觉疼痛真的减轻了。

催眠师在催眠中通过语言、表情、手势、行动、环境等，传递与强化着暗示的作用，以此来帮助受催眠者。在实施催眠的过程中，语言暗示是最重要的一种，几乎所有以心理暗示为治疗手段的方法中全都借助语言而起着强化的作用。

无论是暗示的形式，还是暗示的传递途径都是多种多样的，在实际进行中，可以灵活、适当地使用。

持续催眠：将效果发挥到极致

对于一些生理或者心理上的疾病，如果我们只是进行短暂的催眠治疗，往往不能收到非常明显的效果，或者是效果不能保持长久、稳定。只有长期稳定的催眠治疗，才能发挥持久的作用，有效调整并恢复身心健康。在这种情况下，持续催眠法也就应运而生。

所谓的持续催眠，就是指催眠师需要运用一定特殊的催眠方法，使受催眠者持续处于催眠状态较长一段时间（具体时间通常是要超过一般催眠时间的两倍以上），从而可以更行之有效地为受催眠者治疗身心疾病，将催眠治疗效果发挥到极致。

按照催眠时间划分，持续催眠法有如下几种形态：长时持续催眠、夜间持续催眠、昼夜持续催眠以及自由持续催眠。

长时持续催眠一般就是指使接受催眠的患者陷入持续2～3小

时的催眠状态。

夜间持续催眠是使受催眠者在夜间进入催眠状态，并且这种状态必须一直持续到第二天早晨。夜间的持续催眠法与睡眠催眠法并不是一回事，它们是完全不同的两种催眠方法。前者是指在夜间的清醒状态时对受催眠者实施催眠，而后者是在受催眠者处于熟睡状态时实施催眠，和昼夜没有关系。

昼夜持续催眠是指从之前的那个晚上开始，催眠师就要使受催眠者进入催眠状态，而且催眠状态一直持续到第二天晚上的同一时间，才让受催眠者清醒过来的长效催眠方法。

自由持续催眠甚至可以使受催眠者的催眠状态持续几天甚至几周之久，也就是说，在比较长的一段时间内，受催眠者一直都处于催眠状态中。在进入这种极为特殊的催眠状态之后，催眠师应当立即暗示："当你的身心不再需要催眠时……你就会立刻自然地觉醒过来……当你的身心不再需要催眠时……你就会立刻自然地觉醒过来……"这样一来，觉醒与否就是由受催眠者本身自行判断和负责了。其实，这个方法与之后我们要介绍的自我催眠法在某种程度上有着一定的相似之处。

持续催眠法比较特殊，所以催眠师在运用持续催眠法对受催眠者进行催眠时，在操作上必须小心谨慎，否则会出现很多不良后果。

催眠疗法并不是对所有人都适用

催眠疗法并不是对所有人都适用。比如说，对于一些患有特殊的心理疾病或精神疾病的患者，催眠师是不能对他们实施催眠的；另外一些患有特殊的生理疾病的人也不能进行催眠。因此，在进行催眠之前，需要事先与受催眠者本人及家属确认，对方是否有生理上的疾病，或者是精神上的疾患。

另外，催眠中使用到的某些方法可能会对一些受催眠者造成心理伤害或者身体伤害。例如，催眠师如果对一个非常恐高的小孩暗示他现在躺在天空上的一片云朵里，可能会吓得这个小孩全身痉挛；或者催眠师在不知道受催眠者有心脏病的情况下，对受催眠者施加本能运动一类的指令，进行剧烈的动态的催眠，可能会让受催眠者感到心脏无法承受这样的剧烈运动，甚至导致严重后果。

因此，催眠师必须非常小心，在不了解受催眠者具体情况时，催眠师绝对不能想当然地、随意地去对受催眠者施加一些可能对其造成伤害的暗示。尽量不对受催眠者使用让其感到恐怖的想象暗示。

如果不是非常必要，尽量不要对患有精神分裂症的人进行催眠。因为催眠是一个暂时性地进入一个非现实世界的过程，也是一个进入自己内心深处的操作。因此，催眠有可能使精神分裂症的症状恶化。即使是有这种因素但现在没有发病的人也有发病的危险。为预防这种事情发生，在事前面谈时问清楚并收集好信息非常重要。

有的人会在催眠过程中心情变得不好，这大多是由对催眠的恐惧引起的，一般是因为对催眠的误解。因此在事前面谈阶段，好好化解受催眠者的误解非常重要。平时就很紧张的人有时也会因为过于紧张而状态变差。因此在诱导其进入催眠状态前，做一些能够缓解紧张情绪的事情比较好。

催眠的另一种危险就是催眠师可能利用催眠做一些危及社会及他人利益的事情，这种情况在现实中出现的可能性是存在的。因此，对一个催眠师道德的要求是非常高的，在做深度催眠时，催眠师一般会要求有第三者在场。在首次催眠时，特别是对女性，必须要有第三者在场。

第二章

催眠的历史，原来这么悠久

魔法和咒语：原始时代的催眠应用

在很多鬼怪题材的港台影视剧里，我们常常可以看到法力高深的道士们为拯救被僵尸或恶鬼纠缠的凡人，用朱砂在黄表纸上画上奇怪的符号，然后贴在僵尸或恶鬼的额头上，便可将它们镇住；也常常看到道士们大摆水陆道场，手持桃木剑，口中念念有词，在道场上捉鬼降妖。

妖魔鬼怪当然不会是真的，但是对于魔法和咒语，我们不能就这么简单地否定。从古至今，世界各地有许多民族都曾经使用过或仍在使用魔法和咒语来治病。如美洲印第安人、澳洲原住民、非洲土著民族、新几内亚原住民等。这套治病方法实际上是一种没有副作用的自然疗法——催眠疗法，它们的使用方式与影视剧里的道士驱鬼降妖的方式如出一辙。

早在遥远的原始社会，人们就已经开始了对催眠的应用，或者说对它有了认识。现在的我们无从知晓原始时代的人们如何使用魔法和咒语，但科学家们通过参照以上几种和原始社会相似的土著民族在“魔法”和“咒语”上的应用，大致推测出了原始时代的人们使用魔法和咒语的方式。

在这些土著民族文化里，人们认为一些奇怪的疾病是鬼怪作祟、已故的祖先附身或触犯了神灵引起的，因此他们通过举行各种各样烦琐复杂的祓禳仪式驱走患者身上的鬼怪，请附身的祖先离开或者得到神灵的谅解。这其实只是一种对患者强烈的心理暗示，它的实质就是对其进行催眠。对于一些特定的疾病，特别是由心理困扰产生的疾病，这种治疗方式非常有用。

有科学家曾经深入现存的原始部落观察过部落的巫师使用咒语治病的全过程，并作为病人体验过他们咒语的力量。科学家并没有像部落里其他人那样感受到症状减轻，因为他并不相信巫师咒语的力量，他知道部落里的人之所以感受到咒语的力量，只是因为他们信任巫师，相信咒语，被巫师催眠了。

由此可见，魔法和咒语不能简单地被看作迷信而被否定，因为其中确实有催眠的应用。原始时代的催眠应用一直流传到现在，由于各地区环境、地理、文化背景的不同，所产生的催眠方法与效果也不尽相同，有千百种之多，但究其本质，仍是催眠的应用。

扶乩与打坐：古代文明中的催眠现象

现代心理学家认为，使催眠走上科学化道路的虽然是西欧，但是催眠术的发源地却是埃及、印度和中国。

当时埃及人似乎使用了一种医疗方法：当病人“入睡”时，或者至少是闭上双眼时，为他治疗的人讲话并把手放在病人身

上，借助于语言来治疗病人，使其得到快速康复。这一技术在3000多年前就已得到了应用。古代中国和印度也使用过这种医疗方法。

在中国，有一种源远流长、至今仍时有出现的占卜形式叫作“扶乩”。具体做法是，在一根长约1米的圆棒中央放一根20厘米长的木棒，使之成为“丁”字形。横棒两端各由一人扶住，用竖棒的棒尖在装满沙子的沙盘上写字。扶捧的两人中以一人为主动者，另一人为助手。据搞“迷信”活动的人称：在这种情况下神与人便可沟通交流，上天的旨意通过持棒者的手书写下来。果然，持棒者于无意识之中写下了所要求得到的答案，以及对未来的预测。

现代心理学已经揭示出它的奥秘，这是一种在无意识状态下产生的叫作“自动书写”的现象。这种现象可以经过训练而产生，在中度催眠状态下，则可能自行出现，唯一的条件就是催眠师下一道指令。

美国催眠术权威莱斯利勒克龙指出：“人手自动写字可能是研究潜意识心灵、取得信息的理想途径。我们必须了解，潜意识直到现在正在引起情绪障碍和身心疾病。这正是我们想获得的信息。在人手自动书写时，可以对潜意识进行提问，回答会通过书写表达出来。有时潜意识甚至可能自动提供信息。”因此，在临床上，催眠师常常通过受催眠者的自动书写来窥探受催眠者意识不到的、隐藏在潜意识中的、形成其心理病变的关键因素。

印度婆罗门教中的一派所进行的“打坐”活动，就是一种自我催眠的方法。后来这种方法被引入佛教，成为尽人皆知的“坐禅”，与此相似的便是道教中的“胎息法”。这些自我催眠的方法都有助于修身养性与治疗疾病。

当然，我们不能草率地把这些古代的做法当成催眠。但是，这些例子能够告诉我们，古代人也许已经认识到了大脑和想象力可以用于治疗疾病，催眠已经初露端倪。

伽斯纳神父神奇驱魔术：催眠术的先兆

伽斯纳是一位天主教神父，生活在欧洲的克劳斯特。这位来自瑞士的天主教神父是一个有趣的人物，他曾在18世纪70年代因为高超的医疗本领而在欧洲大陆名噪一时。他认为几乎所有的疾病都是因为邪恶精灵附体引起的，要想让邪恶精灵离开身体，就必须让患者暂时死去，之后再让患者复活。现在的我们很清楚地知道，这个观点是严重错误的，可是在那个时代，伽斯纳用他的方法确确实实治愈了很多患者，因此他的理论也得到了很多人的认同。

伽斯纳非常有表演天赋，在广受欢迎的“表演”中，他身着长斗篷，手拿一个巨大的十字架，嘴里念叨着拉丁咒语。他告诉病人当他驱魔时，他们会倒在地上死去。然后，一旦恶鬼被驱走，他们就会起死回生，疾病也消失得无影无踪。奇怪的是，疗效确实显著。

伽斯纳有一间特殊的治疗室，那房间比较宽敞，室内陈设很少，仅有几把椅子靠在墙边，黑丝绒的窗帘将光线挡在窗外，室内阴暗而宁静。在治疗时，他让病人静静地站在屋子中央，闭上眼睛。伽斯纳告诉病人，当他的十字架碰到病人的身体后，上帝会使病人立即倒地而亡。就在病人死去的那段时间里，他能按照上帝的旨意来驱赶病人身上的病魔。待病魔离体后，病人复活，并且恢复健康。然后伽斯纳手持十字架绕着病人走动，突然用十字架触碰病人身体，病人立刻倒地不再动弹，意识丧失。接着伽斯纳一边念咒语、一边用十字架轻拍病人身体，命令病魔离开。突然，伽斯纳一声喊叫，将十字架举起，表示病魔已经离去，病人马上睁开眼睛，活了过来，并恢复了健康。伽斯纳神奇的“驱魔术”在德国和奥地利引起了轰动，找他看病的人络绎不绝。

伽斯纳神父的医术是催眠术的无意运用：先使患者进入恍惚状态，然后运用暗示力量使他们确信自己的疾病或者问题已经解决了。弗兰茨·安东·麦斯麦认为神父不知不觉间使用了动物磁流，伽斯纳神父却相信自己是借助了上帝的力量驱除了恶鬼。

麦斯麦的“动物磁流”：激励无数催眠爱好者

麦斯麦是催眠史上最为重要的人物之一。在1734年，麦斯麦出生于靠近今天德国和瑞士交界处的康斯坦斯湖畔。虽然麦斯麦一生曾通过催眠给无数人治病，但他从未理解过心灵的真正力量，他认为那只是一种被称为“动物磁流”的东西在起作用。虽然他的理论被认为是错误的，但是他的人格魅力及其催眠方法、催眠疗效都极大地鼓励了后来的催眠爱好者们。正是因为后来者在他的基础上孜孜不倦地探索，最终人们发现了催眠的真正原理。

1765年，麦斯麦从维也纳医学院毕业后开始从医。在某一次治疗中，他发现一个身患神经紧张病的病人对常规治疗毫无反应，好奇心大作的他决定试用一种类似催眠的非正统治疗方法。他让病人喝下含有铁的液体，然后把磁铁附着在病人的身体上。在病人的病再次发作和治疗几个疗程后，病人重获健康。

麦斯麦认为自己发现了磁性的力量。他认为，人体内存在一种磁流维持着动态平衡。人之所以生病，是因为磁流不顺畅，其身体活动失去了平衡。只有运用磁疗法，才能使磁流正常运行。麦斯麦还认为，磁流较强的人可以通过抚摸患者或者通过磁屑、铁棒等将磁流传递给患者，直接以其自身强健的磁流来纠正病人体内磁流的非正常状态，使磁流平衡运作，从而消除病症，恢复健康。在磁流传递的过程中，患者会经历一次危象和数次痉挛。

麦斯麦认为他本人就是一个体内磁流非常强的人，于是在他自己所倡导的动物磁流说的指导下，他以麦斯麦术对大量的病人进行了治疗，确实许多病人恢复了健康。尤其是一些疑难病症，通过麦斯麦之手，居然也被治愈了。麦斯麦治病的神奇效应，还使人们产生了这样的印象和信念，即催眠是一个人的神奇力量影响了另一个人。一些相信动物磁流理论的人，深信麦斯麦具有非凡的磁流，而更多的人则迷信着麦斯麦，认为他的精神具有超常的效应。

在麦斯麦声誉达到巅峰时，法国政府甚至一度想用重金将麦斯麦术买下来用于治疗，但被麦斯麦拒绝。法国科学界对麦斯麦的奇怪理论却并不信服，于是专门成立了一个委员会调查动物磁流学说，最后得出了动物磁流纯粹胡说的结论。从此麦斯麦遭到了科学界的唾弃，后半生默默无闻。

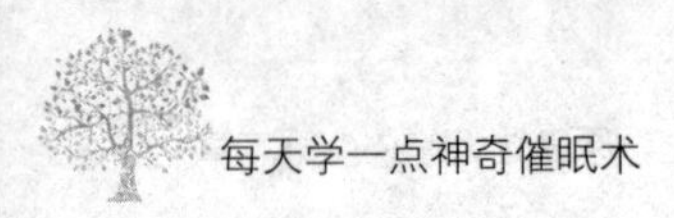

普赛格侯爵的“磁性睡眠”：催眠疗法的起源

麦斯麦去世后，支持他的动物磁流学说的人在一些地方依然存在，甚至有一些狂热的支持者不顾他人的怀疑目光，不断地进行着新的探索，其中最为重要的当属法国贵族地主普赛格侯爵阿尔曼德。这位侯爵发现了催眠性恍惚，并将其命名为磁性睡眠。

这位侯爵曾经短期学习过麦斯麦的疗法，并在周围的工人、农民身上进行了试验。他就曾为住在附近的农民们施以磁气疗法。某一天，他给一个牧羊人施用麦斯麦术时，发现对方并没有像其他患者那样陷入痉挛状态，而是不知什么时候睡着了。不管惊讶的侯爵怎么叫他，牧羊人都没有醒来。更令侯爵吃惊的是，侯爵一旦说话，牧羊人就会按他说的站起来或者走动，而且他还处于“睡眠状态”。

这正是我们通常所说的催眠状态，而且是催眠程度相当深的梦游催眠状态。侯爵显然是发现了催眠性恍惚，他没有意料到会有此发现，因为作为麦斯麦的忠实信徒，他相信患者会经历一次危象和数次痉挛。侯爵称这种恍惚状态为梦游，或者为了对麦斯麦表示尊重，他称之为“磁性睡眠”。然而，这位麦斯麦的学生很快便开始怀疑这种现象的产生是基于磁流的存在的理论。于是，他重点强调了两项重要的心理素质——意念和信仰。他认为同时拥有这两种素质的治疗者就会获得成功。侯爵的另一项贡献是，当病人处于恍惚状态时，他与其对话并对疾病进行治疗暗示，这是催眠疗法的起源。

在他之后，其他磁力说的实践者也纷纷发现自己可以诱导恍惚状态，而且还发现了现代催眠中的其他状态，譬如肢体僵硬症和健忘症。普赛格直到今天还不为人所熟知，但他是催眠发展史上当之无愧的无名英雄。

磁力学说渐渐传播开来，关于心理和大脑在催眠中起到的作用越来越受到重视。葡萄牙神父法里亚进一步将其发扬光大，他发明了一种通过凝视手指而进行催眠诱导的方法，这种方法被之后的催眠师广泛应用。他还强调了催眠性恍惚的重要性在于心灵对暗示的接受能力强，这也是现代催眠学说的一个关键特点。

催眠之父布雷德医生：“催眠术（hypnosis）”诞生

麦斯麦可以说是催眠史上最为瞩目的名字，但是被称为催眠之父的不是他，而是詹姆斯·布雷德。布雷德是一位苏格兰医师，他具备了麦斯麦所不具备的一切：头脑冷静、实事求是、进行系统化科学研究、不为表演技巧或夸大其词所动摇。他的一个不朽成就是发明了“催眠（hypnosis）”的固定说法，该名得自于希腊睡眠之神海普诺思（Hypnos）。不过他后来认识到使用这个意思为“睡眠”的字眼并不是最恰如其分的选择。同样重要的是，布雷德非常清楚催眠是什么以及不是什么。他反对麦斯麦的磁流学说，并认清了催眠的心理本质。

1841年，在英国曼彻斯特工作的布雷德偶然观看了法国麦斯麦术师拉封丹纳的表演，从而对催眠产生了浓厚兴趣。他起初是半信半疑，但在后来与拉封丹纳及其同事的一次私人会面中看到

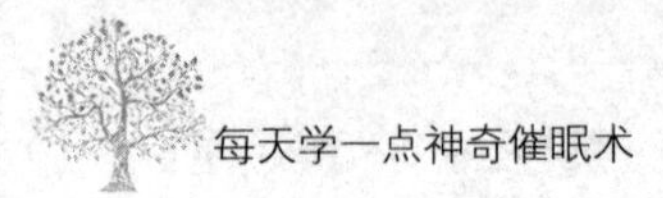

拉封丹纳使其追随者陷入了深深的恍惚中，才终于相信其中确实存在着值得研究的东西。布雷德对麦斯麦术进行了两年试验后，出版了《催眠学》一书，这本书中首次使用了术语“催眠术”（hypnotism）。

布雷德是第一位真正意义上的现代催眠学家。他没有将这种现象与超自然联系起来，他不相信内在原因是动物磁性。他不像任何麦斯麦术师一样对患者的身体进行抚摸，而是让患者把注意力集中在一件物体上引发恍惚。他还清楚地认识到心灵的力量可以影响到身体，而且按照恍惚的不同程度对身体的不同反应加以区分。尽管布雷德是一位备受尊敬的医师，他的催眠观点却没有在英语国度里被立即接受。不过，他的观点大大影响了催眠在一些国家的发展进程。

对催眠术命名的并不只有布雷德一人。麦斯麦术于19世纪30年代和40年代在美国盛行一时，美国的医师们很快吸纳了其中的一些思想，并发明了自己的技术和对这一现象的命名。最著名的美国先驱者之一拉·罗伊·桑德兰德把这一现象叫作“pathetism”（催眠术）。在汉语里，“催眠”这一术语，最早是由日本的学者翻译来的，使用的便是“催眠”二字，后来被翻译为中文时一字不改地沿用了下来。

南希学派和巴黎学派之争：催眠的本质是暗示

1860年，一位名叫赖波的医生对布雷德一篇关于催眠的论文深感兴趣，他亲手试验了布雷德论文中描述的催眠方法，并发现甚至不必像布雷德推荐的那样让患者凝视着某件物体也可以成功地将患者导入恍惚状态，并借助于暗示力量治愈患者的疾病。

为了将自己的发现公之于众，赖波出版了一本书。南希大学的一位知名医学教授希波列特·伯明翰得知了赖波的观点，他将一个病情严重的病人交给赖波，本来想证实赖波是个骗子，结果却恰恰相反，他对赖波治愈病人坐骨神经痛的医术大为赞叹，盛情邀请赖波到大学里与他一起工作。最终，两人一起成为催眠学“南希学派”的创始人。他们相信催眠更加倾向于心理反应，而非生理反应，并且催眠时的暗示的力量至关重要。两人还要坚信在医生与患者之间建立亲和关系的重要性，这与很多现代催眠学家的观点不谋而合。由于伯明翰德高望重，催眠学的威望也与日俱增。

影响更大的是当时的医学泰斗夏柯特对催眠学的接纳，他被催眠深深吸引，并在患者身上加以应用。他的这一举动使催眠最终被接纳为一个严肃的研究课题。不过，夏柯特的催眠观点与南希学派及大多数现代观点完全不同，他认为催眠是歇斯底里症的一种形式，在有些情况下催眠疗法甚至会带来危险。

伯明翰、赖波带领的南希学派和夏柯特带领的巴黎学派就催眠的真正本质苦苦相争，最终南希学派占了上风，并且其影响一直深入到20世纪。

南希学派和巴黎学派僵持不下的问题中，其中一个是：人们在恍惚状态中能否被游说做违背自己意愿的事情。伯明翰认为被实施催眠的对象会顺其自然地成为一个机器人，完全依从催眠师的指挥；巴黎学派则坚持认为人们在催眠状态中不会丧失本性，只是会沉迷于演戏之中。

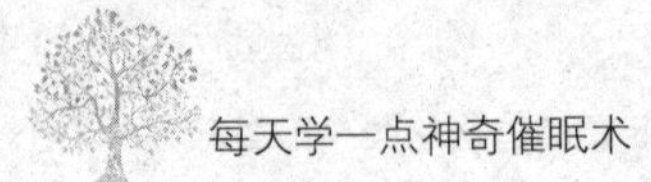

其实，从现代对催眠术的研究来看，绝大多数催眠学家认为，人们在催眠中是无法被迫违背自己的本质信仰和道德观说话或做事的。只有你想要达到无意识行为的一种变化时，你才能达到这种变化。也就是说，如果你不想达到那种变化或者做出那种行为，那么反映你真实想法的潜意识就不会要求你去做。

弗洛伊德：让潜意识和催眠紧密相连

众所周知，西格蒙德·弗洛伊德是现代心理学发展史上影响最为深远的人物之一，但是很少有人知道，这位精神分析的创始人在事业早期曾经是催眠学的倡导者。

弗洛伊德是一位奥地利医师，他早在19世纪80年代在巴黎学医时便开始接触催眠，而当时将催眠介绍给他的正是他的导师：法国权威精神病学家夏柯特。事实上，弗洛伊德在几年前便对这个有关催眠的课题产生了兴趣。当时他在维也纳学医，碰巧观看了备受赞誉的丹麦舞台催眠术师卡尔·汉森的表演。后来他写道，他在催眠秀中的亲眼所见“使他坚信了催眠现象的真实性”。

师从夏柯特数年后，弗洛伊德成为催眠学的公开拥护者，并在自己的治疗中加以运用。他对病人使用直接暗示，有时会将双手按在病人的头部。他还与同样身为科学家的朋友约瑟夫·布洛伊尔合作，对病人实施催眠疗法。二人最为著名的病例是对一名叫作安娜的少女的治疗。安娜患有当时被列为癔征的一系列症状。布洛伊尔发现，当安娜被催眠后，她可以将这些症状追根溯源到现实生活中并因此得以治愈。

弗洛伊德对大脑的隐秘部分——“潜意识”及其对人体的影响的研究几近痴迷。催眠学理论帮助他进一步探索了这一课题。然而，19世纪90年代中期，他抛弃了催眠学，代之以自由联想疗法，这种疗法有时也被称为“讲话疗法”。

据说，弗洛伊德认为催眠疗法是一种不稳定的疗法，在对患者进行成功的治疗后，过一段时间又容易复发，而且容易导致一些新的问题出现。他还发现催眠中使用的暗示效果不能持久，同时他还担心患者会通过将自身的强烈情感移到治疗者身上，而对后者产生过度的依赖，这一过程在弗洛伊德的精神分析理论里被称为“移情”。

不管怎样，在当时，弗洛伊德转变的选择对催眠学的发展可谓是毁灭性的一击，作为20世纪影响最为深远的人物之一，由于他对催眠学的摒弃，他的众多追随者们也十分自然地忽视了催眠学，从此很长时间内催眠学又处于无人问津的状态。

库埃的自我暗示法：让催眠走进身心医学领域

进入20世纪后，催眠又开始了新的发展，这就是自我催眠。自我催眠打破了原有的催眠只有催眠师在场进行语言暗示才能够进行的状况，使得更多人可以更方便、更快捷地进行催眠治疗。从此自我暗示与自我催眠的方法被提倡并确立下来。

最初，在法国，心理学家和药剂师埃米尔·库埃设计出了一种在觉醒状态下进行的自我暗示法，这种方法非常管用，为被疾

病困扰的人们提供了一种有效的自我治疗的方法。他更是指出，无论是催眠还是自我催眠，其本质都是自我暗示，而且他还在自己的诊所教授患者用自我暗示的方法进行治疗。

库埃创造性地想出了一句非常有名的暗示语：在每一个方面，我都会一天比一天好！这句暗示语被他使用得十分多，他常常指导患者每天将这个暗示语句重复很多次。他的方法看起来很简单，只是，不使用催眠的自我暗示法，还谈不上是真正的自我催眠，但是他的方法为之后自我催眠法的诞生奠定了基础。库埃的理论或手法被称为库埃法，与他同时从事自我暗示研究的人们被称为新南希学派。

1932年，在库埃去世的6年之后，柏林大学教授舒尔茨开发出了自律训练法。舒尔茨曾经问从催眠状态醒来的实验对象，催眠过程中感觉到了什么。结果，许多实验对象都谈到了“四肢变得沉重，变得温暖”“身体变得温暖”“呼吸轻松”等感想。因此，舒尔茨认为：既然这些感觉是由自我暗示引发的，那么即使不依赖他人，应该也能够进入催眠状态。由此，他开发出了一种由6种暗示组成的标准练习，也就是自律训练法。自律训练法是现在最受欢迎的自我催眠法，它作为一种有效方法被活用于身心医学领域。

目前，有关自我催眠的书籍、光盘随处可见，自我催眠在很多方面都得到了应用。通过不断地探索和研究，人们在日常生活中早已应用到了自我催眠暗示，各种宗教仪式、印度瑜伽、中国气功等都是以不同的方式来实施的自我催眠。

艾瑞克森式催眠：催眠的革命到来

1923年的一次讲座上，一位年轻的心理学学生对催眠术的展示大为着迷，这名学生就是在催眠学界大名鼎鼎的米尔顿·艾瑞克森。从那时开始，他踏上研究催眠的征程，最终成为美国催眠学界的泰斗。艾瑞克森的催眠诱导方法和治疗方法非常富有创造性，甚至可以说他的治疗方法是催眠概念的革命。

艾瑞克森出身贫寒，在一生的大部分时间里，他都在与疾病做斗争，虽然如此，他却才华出众，极具人格魅力。他一直把催眠术用作治疗工具，他最为重要的观点之一是：无意识的心灵是自我治愈的无比强大的工具。他认为每个人体内都蕴藏着自我帮助、自我修复的能力。他对催眠术的最大贡献是研发了诱导恍惚和对无意识大脑进行暗示的有效新技能。

在他之前，催眠的恍惚诱导方法相对来说比较单一和教条，接受催眠的患者只是被告知自己感到困倦，并将要进入恍惚状态。艾瑞克森没有完全摒除这一方法，但主张根据患者的个性对治疗师的催眠手法加以调整。他研发了被称作“间接催眠”或“容许性催眠”的技巧，即通过运用语言使患者融入双向过程中去。他们会有效地将自己导入恍惚状态。其中一个著名手法是“混乱”技术，即通过在混杂的句子中使用毫无意义的词语使有意识的头脑发生涣散，继而使患者进入恍惚状态。艾瑞克森还在催眠中使用隐喻和讲故事的手法，对他来说，语言的想象性使用非常重要。他总是在治疗手法上极为创新，并且相信几乎每个人都可以被催眠。艾瑞克森写下了大量催眠著作，但成为他永久性

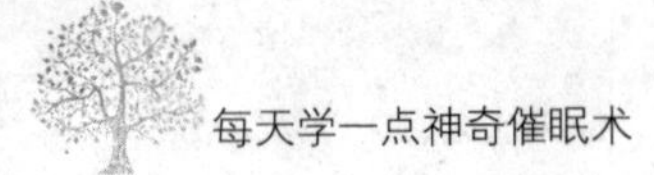

遗产的仍然是这一实用而创新的催眠疗法，当今的许多催眠师都从他的著作中得到了启发。

艾瑞克森研究中的重要概念之一是“利用”，意思是说不管是患者表现出来的东西，还是本身就有的东西，任何东西都能被利用起来，就连患者的兴趣、喜好、信念、行动特征，以及心理上的抵抗和症状都能巧妙地被利用起来，然后进行催眠诱导，这些成了治疗的基础。为了与之前正统、传统催眠区分开来，他的催眠技法被称为“艾瑞克森式催眠”。

英国、美国医学会的认可：催眠逐步被接纳

21世纪来临时，催眠已经走过了漫长的发展道路。它最初起源于麦斯麦的动物磁流学说，前景并不被看好，而如今催眠学已正式成为一个合法的科学研究领域，还是一个宝贵的治疗工具。然而仍然有很多人半信半疑，过去与催眠相关的很多错误观念依然在人们的脑海里发挥着消极影响。催眠与超自然崇拜有关，或者只是骗局，又或者只是为了娱乐——在催眠术高速发展的今天，很多人依然持有这样的观点。

造成这种情况的部分原因是社会上各种形式的媒体对催眠的报道和描绘；还有部分原因应归咎于一些催眠术的不当使用者，他们将催眠术用于不可告人的目的，比如学习怎样催眠异性。这些可疑用途使人们对于催眠的偏见更加根深蒂固。

还有一些人不愿将催眠看作一个严肃课题的另一原因是，科学家们还不能充分解释其作用机理。就连学术界还在对催眠

的性质甚至其真实性争论不休，那么大众感到迷惑也就情有可原了。

值得庆幸是，催眠正在稳步赢得医学界的认可和接纳。早在1958年，美国医学学会就宣布它是安全的，没有任何副作用。此前3年，英国医学学会也做过类似声明，证实催眠是一个有效的医疗工具，可以用于治疗精神神经病，缓解病痛。同时，美国和其他地方的众多医院也纷纷开始使用催眠缓解病人的疼痛，并借此帮助病人适应其他治疗方法，比如化学疗法。

随着催眠逐渐被认可和接纳，催眠治疗师和临床催眠师的培训和认证开始处于非常混乱的境地。在过去几十年中出现了无数个有关催眠师培训和认证的组织和机构，他们基本上都是这么干的：一个协会建立起自己的培训场所，然后认可该场所的资格。其中一些组织机构在培训治疗师方面记录良好，也有很多表现不怎么样。在催眠师培训这一块，法律监管比较缺乏，尽管目前很多国家制定了有关法规，通过严格审查来监管催眠的医学用途，但因为没有严格的培训标准和适当的管理监督做后盾，无法保证培训质量。但话说回来，即使一些最好的从业人员也只是“外行催眠师”，他们经验丰富，却可能从未接受过正式培训；一些最好的催眠治疗师是舞台催眠师，他们可能并不拥有社会公认的从医资格。

这些不理想的状况必然会逐渐得到改善，同样，关于催眠的研究也会继续深入到催眠本身。而只有当我们对催眠的真正性质了解得更加完善时，社会对催眠的接受度才会逐步提高。

关于催眠，你最想问的9个问题

催眠就是“让人睡觉”吗

现在很多人对催眠都存在着不同程度的误解，以及很多疑问。没有接受过催眠的人都很想搞清楚，催眠是不是让人睡觉呢？“催眠”一词是否存在着消极的含义？大家也都想知道，催眠有害吗？有副作用吗？或者是不是就是大脑的一种控制呢？被催眠后的感受是怎样的呢？催眠以后的状态和平时有什么区别呢？

在关于催眠术的诸多疑问中，第一个当是：催眠是不是“让人睡觉”呢？很多人一提到催眠通常就会望文生义，催眠，不就是催人入眠、催人睡眠吗？其实，不仅在普通大众中经常有人这么想，就连医学界、心理学界也常有人这么认为。一些受催眠者在经过催眠治疗过后，会对催眠师说：“您催眠的时候，我并没有睡着啊，您说的每一句话我都能听到，周围别人说的话我也能听得到……”那么，催眠到底是不是让人睡觉呢？如果是的话为什么还会有这种清醒的状况呢？如果不是那为什么醒来以后会如此的轻松自在呢？

其实，催眠和睡眠完全是两回事，睡眠是人对整个环境和自身知觉的一种高度抑制，而在催眠状态下，受催眠者对于周围的反应则是这样的：被抑制的部分抑制得更深，而被唤起注意的部分，则是比平时还要注意力集中。所以，有人说这时候，其意识是高度集中的。事实上，在催眠状态下，受催眠者甚至比平时更清醒，更不用说比睡觉的时候了！睡觉的时候人的大脑处于休眠的状态，中途还会做梦，而催眠的时候就不会有这种情况发生。

那么，催眠和睡眠到底有哪些区别呢？具体说来，主要有以下几个。

（1）催眠和睡觉的性质是不同的，催眠是一种技术，目的是要对受催眠者进行催眠治疗，而睡眠并没有这种目的，睡眠只是单纯休养生息。

（2）催眠属于心理和生理的范畴，而睡眠则属于生理的范畴，是生命活动所必需的。催眠可以消除精神上的痛苦，可以促进、帮助人类机体的健康发展，并通过调动、发挥人的自我调节机能来实现全部身心的良好发展；而睡眠主要是使精力和体力得到休息和恢复，以便接下来更好地去工作与学习。

（3）处于催眠状态中的受催眠者，虽然大脑皮层的大部分区域已经被抑制，但是皮层上仍有一点是高度兴奋的，反应非常灵敏，对于催眠师的问题也会相应地做出回答，而处于普通睡眠状态的人，意识活动则是完全停止的，对外界毫不知情，更不可能配合别人回答问题。

（4）虽然人在催眠状态下也是在休息，但是休息的深度和质量要高于一般的睡眠，有时只是被催眠了十几分钟，但是受催眠者却感觉好像睡了很久，身心得到了彻底的放松，达到了自然的状态，这是普通的睡眠不可比拟的。

（5）处于催眠状态中的受催眠者，有时在催眠师的暗示下，其肌肉可以僵直得像一块钢板；而处于普通睡眠状态中的人，一般肌肉都是处于松弛状态，没有特别的影响和刺激是不会有较强烈的反应的。

（6）处于催眠状态中的受催眠者，经过催眠师的暗示会做出某些动作和行为，比如痛哭、大笑、呕吐、出汗等，而在睡眠状态下的人则远远没有如此丰富的内心活动，这些他们只会在梦中才能感受得到。

（7）处于催眠状态中的受催眠者，在没有收到催眠师的觉醒暗示之前，即使是睁开眼睛，也仍然是在催眠状态之中；而处于睡眠状态中的人，眼睛一旦睁开，便立即恢复到清醒的状态，不需要任何暗示便回到现实生活中来。

从以上7点完全可以看出，催眠和睡眠完全就是两回事，并不是人们单纯看到的那样，只不过有时候受催眠者的眼睛闭着，因此在其他人看来就好像是睡觉一样。

被催眠后，就完全任人摆布吗

很多影视文学作品中，我们都会看到一个人一旦被催眠，就完全听从催眠师的指令，要他干什么他就干什么，这是真的吗？生活中，如果我们被催眠，会不会被别人完全控制？

其实，很多影视文学作品中关于催眠的描写都有些夸张和失实的成分，每个人的潜意识都有一个坚守不移的任务，就是保护自己。他不会因外界的引导和刺激而做出潜意识根本不认同的事情，即使在催眠状态中，人的潜意识也会像一个忠诚的卫士一样保护自己，所以不用担心会被催眠师控制或者暴露自己的秘密。况且，作为催眠师，也应该为受催眠者保密，这是基本的职业道德。

有的人对催眠存在很大的恐惧感，怕在被催眠的过程中受到控制、失去理智而把一些隐私暴露出来、当众出丑或者做出一些违背自己意愿的事情。还有一些人，他们对催眠抱有一种不切实际的幻想，期望得到某些不可能的结果，这些想法都是不正确的。

正如前文所讲，一个人在催眠中是无法被迫违背自己的信仰和道德观说话或做事的。只有你想要达到某种无意识行为的变化时，你才能达到这种变化。比如说，如果你并不是真的想要戒烟的话，那么，无论几次催眠治疗都不太可能使你将烟戒掉。你的潜意识原原本本地反映了你真实的想法。

对于现代催眠来讲，只有在满足深呼吸、放松、想象力及暗示这几个条件下，意识和潜意识的沟通才是非常有效的。而且，每个人的内在都有一个极其重要的机制——自我保护机制，所以，在被催眠的过程中受催眠者不会做出违背自己意愿的事情。

即使舞台催眠师想要使一些观众进入深度催眠状态，并让他们做出一些不正常举动，也是因为受催眠者事实上已经认可了催眠师，在潜意识里接受了催眠师的这一安排。

但是，在此必须要说明的是，一些催眠学家认为，这个问题实际上比看上去的要复杂得多。他们认为，通过对暗示进行重组再构就可以使其看起来与主体的意愿相一致，就可以使这个人做出一些在正常状态下不会做的举动。

催眠有什么副作用吗

关于催眠是否有副作用的这个问题其实也是人们最为关心以及问得最多的一个问题，其实，对于这个问题，催眠师们一直都在强调、解释，本文对此做个比较明确的阐明，使大家能够更明确些，一旦清楚明白，就不会疑惑、担心了。

首先，在实施催眠术时肯定是有副作用的，但是这个副作用发生与否在于催眠师，而不在于催眠术本身。如果一个催眠师的基本功以及技术修为还不达标的话，他只会造成催眠失败，导致催眠治疗的效果不尽如人意。也就是说，如果一个催眠师在催眠的过程中，经验及技术不够的话，他会忽略掉一些必需的暗示。而少了这些环节，就会让受催眠者在清醒之后出现一些迷茫、头昏、倦怠、四肢乏力、头重脚轻等生理反应。当然，这里面不可避免地也存在着受催眠者自身的一些原因，有的受催眠者会在这个过程中自主判断，或者按照自主意愿行动，有时候也会减弱催眠暗示的力量，受催眠者心理一旦强烈地排斥，就有可能造成感觉、知觉发生歪曲或丧失。

不过，这些副作用完全可以再通过催眠暗示一一消除。而且，对于一个专业的催眠师来说，这种低级错误是很少出现的，所以一般不用担心会出现这类问题。只要操作得当就不会有任何副作用或者不良后果。

人们害怕催眠的副作用很大一部分是从小说、电影里看到的——催眠师利用催眠做出一些危及社会及他人利益的事情，控制别人去做某些事情。不过，这种情况在现实中是很少能出现的，因为通常情况下，一个高水平的催眠师，会自始至终恪守着自己的职业操守，不会去做那些有违职业道德的事情。当然，在受催眠者觉得不放心的情况下，也可以请第三人在旁陪同，以起到监督的作用，这样基本上就可以杜绝这种危险的发生。

其次，有的催眠师在治疗的过程当中，也有发现受催眠者的心理情绪方面的反反复复。这是一种很正常的现象。比如，有严重失眠的受催眠者，在经过几次催眠治疗之后，受催眠者会有几天睡眠非常差的时候，情绪也出现了非常大的反复。但是，请不要担心，这是很正常的，而且这也是问题完全解决的前兆。治疗心理障碍的时候，在催眠的初期，受催眠者可能会感觉自我意识弱了很多，感觉这样很不舒适，但这恰恰是一个潜意识改变心理防御机制的过程，完全是正常的，所以不需要过多的担心或者忧虑。

最后，在进行催眠的过程当中，移情是必须的。移情是指在以催眠疗法和自由联想法为主体的精神分析过程中，受催眠者对催眠师产生的一种非常强烈的情感。原因其实很简单，在催眠的过程中，催眠师直接和一个完全暴露的潜意识进行了沟通、交流，这样能和受催眠者非常迅速地建立起亲和感与信任感，催眠师就是需要这样一种完全的依赖和绝对的信任，来进行心理暗示以及灵性改变。这也正是催眠效果显著的一个非常重要的原因。当然，在心理治疗完毕之后，催眠师也会多次对受催眠者进行解移情的催眠处理，这种处理并不复杂，经过处理后，催眠者就会恢复过来，感情如初。

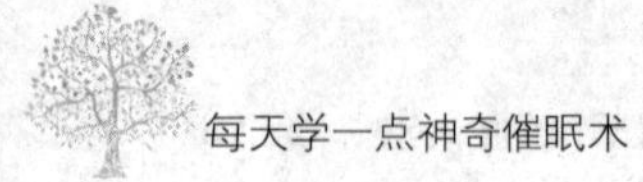

综上所述，催眠后的副作用主要是在催眠中予以不当的暗示语造成的，只要经过再一次的催眠性暗示就能消除，因此不必有所顾虑。总结一下，催眠副作用常见的表现如下。

1. 一般性反应

在深催眠状态下受催眠者忽然醒复，或经过较长时间的催眠而突然醒复，或是在醒复之前催眠师没有给受催眠者以轻松、愉快的暗示，这些都会导致有些受催眠者出现头晕、头痛、无力、倦怠、多梦等不适的症状。即便催眠后有感不适，也能在下一次催眠中得以解除，不会给受术者留下“后患”。

2. 记忆力减退

如果出现记忆力减退的情况，那很有可能是由于在催眠状态下运用了不当的暗示所造成的。其实，催眠是可以提高记忆能力的。如果确实有不当的暗示损伤了受催眠者的记忆，甚至对以往的某些记忆也有影响的话，受催眠者就可以在下一次的催眠中进行增强记忆的训练，催眠师可以对其施以增强记忆能力的暗示：“通过信息证明，你的记忆功能非常好，这在今后的学习、工作或生活中，会感受到，你不会再因为记忆力差而苦恼。”经过暗示后，受催眠者的记忆可以得到相应地提高。

3. 情绪的改变

在催眠中，由于催眠师对受催眠者的暗示不当，或者对于受催眠者心理矛盾的症结揭露之后没有给予正确的诱导和分析，受催眠者醒来后就情绪会变得急躁、抑郁甚至疯狂，并且会持续很长一段时间才能慢慢恢复。

4. 人格的改变

人格的改变也是催眠暗示不当所造成的，因此催眠师应该注意避免发生这种情况。而一旦发生了，一定要处理好这些问题，不要给受催眠者带来更多的、不必要的伤害。尤其需要指出的是，催眠师在实施催眠时注意不可以令本人的一些不良人格影响受催眠者，迫使受催眠者发生改变。

以上就是在催眠当中可能会发生的副作用及危险性，而这些问题又是可以解决的，因此还是那句话，催眠术本身并不存在副作用以及危险性，问题的关键在于催眠师的经验、技术、能力以及职业操守，一个合格的催眠师要对操作的全过程正确把握，对催眠状态的典型特征了然于心，对催眠过程中的突发事件妥善处理，并且能娴熟、准确地运用暗示指导受催眠者，敏锐地观察受催眠者的表情、神态以及心理变化。所以，选对催眠师至关重要。

为什么有些人不容易被催眠

对于第一次做催眠治疗的人，催眠师通常会为其实施催眠敏感度或催眠易感性的测试。一般来说，约有95%的人都有相当程度的催眠敏感度，而另外5%的人很难被催眠。换句话说，只要一个人是正常的，就能被催眠，而关键在于催眠时间的长短。有一些很难被催眠的人必须要施以反复、长时间的诱导，有的可能需要三四个小时，才能进入催眠状态。而那些敏感度高的人，有的几分钟就可以进入状态。所以，时间越长就越考验催眠师的耐心和技术。催眠师米尔顿·埃里克森就经常使用重复的语言，历经漫长的时间，成功地催眠被其他催眠师视为很难催眠的人，这也

是他成为顶级催眠大师的主要因素。

也就是说，催眠敏感度越高的人，就越能让催眠师得心应手，轻松地施展各种催眠技巧。有些人认为容易被骗的人就容易被催眠，这种看法是不正确、不科学的。事实上，许多精明能干的、社会成就高的人是很容易被催眠的。当然，催眠敏感度是一种十分稳定的特征，通常是在青春期以前最高，然后呈逐渐下降的趋势，年纪超过70的老人，就没有那么容易被催眠了。不过，人本来就有个别差异。所以，这要根据受催眠者本身的具体情况来定，不能贸然下决定。

其实，被催眠从一定程度上来讲是一种能力，这种能力越高的人，就越能从催眠中获得相应的益处。一般来说，有下面特质的人，其催眠敏感度会比较高。

（1）容易放松。

（2）愿意信赖催眠师。

（3）专注力高。

（4）好奇心强。

（5）想象力丰富。

（6）智商高。

进入催眠状态会不会醒不过来

相信很多初涉催眠的人都问过催眠师这样一个问题：如果我进入催眠状态，会不会醒不过来呢？事实上，这是绝不可能发生的，迄今为止也没有任何医学文献记载过这种情况。这也就好像无论夜间的睡眠，是多么的舒适而深沉，人总是会醒过来一样。这一点首先要肯定。但是，也会有这样的情况：因为催眠实在太放松、太舒适了，所以受催眠者就暂时不想醒来了。这种案例的确存在，而且这种情况偶尔也是会发生的，但是这并不等同于进入催眠状态之后就真的醒不过来了。如果任其催眠状态持续下去，则可进入自然的睡眠状态，经过充分睡眠后自然就会苏醒，所以不需要担心。

在经过催眠师的暗示之后，受催眠者就会在身心放松的同时，回忆起自己曾经美好的经历，这就会使人很想沉浸在其中，而不想那么快醒复过来，恢复到现实的状态。在这种能够暂时摆脱世俗忧愁烦恼的愉悦心情中，可能会有个别受催眠者在结束催眠的指示时，反问说："可以等一下再结束吗？我想继续体验一下，这种感觉很好。"

通常情况下，催眠师可能会继续让受催眠者好好地享受这种美妙的感觉，同时催眠师也会暗示受催眠者，等到受催眠者享受够了的时候，就随时可以睁开眼睛，结束催眠。因此，担心催眠程度过深，会一直陷在催眠状态中醒不过来的想法是不正确的，也是不科学的。

还有一种情况经常发生在有失眠问题的人身上，失眠的人在进入催眠状态以后会全身放松如同一团棉花一样，有的受催眠者干脆就睡着了，还发出甜甜的鼾声，脸上露出舒适、安详、平静的表情。这时，催眠师多半会让受催眠者继续美美地睡一个好觉。因为他醒来后，只会觉得神清气爽，不会有任何副作用。

曾经有过这样一个案例：一位催眠师到一所大学里进行演讲，在演讲的过程中，他请一群学生上台进行催眠示范。示范完

毕之后，催眠师对这些大学生逐一进行解除催眠，结果一名男生一直没有反应，催眠师用了各种手法都不能让他醒来。眼看演讲结束时间就要到了，催眠师就对大家宣布："今天的演讲就先告一段落，大家可以散场了，我们先不要移动这位同学，以免妨碍他在催眠状态中的内心活动，我会立刻请一位技术更加好的催眠师前来处理，请大家不要担心。"等到所有的在场大学生都离去，偌大的演讲厅只剩下他们两个人时，催眠师轻轻地对受催眠者说："好了，现在大家都走了，你也可以醒来了吧！"这位男生当下就睁开眼睛，站起身来，笑一笑走了。其实，催眠还可以用来减轻或消除人们的紧张、焦虑、冲突、失眠等，所以进入催眠状态下的人们全身心放松后慢慢地进入睡眠状态，也是可以理解的。

在催眠的过程中，受催眠者和催眠师会保持非常密切的感应关系。在外人看来，受催眠者好像什么都不知道，但是其实他在和催眠师进行着潜意识的沟通，保持着密切联系，等到催眠师下达唤醒指令之后受催眠者就会醒来。当然，如果在非常放松、非常舒适的催眠状态下，进入自然的睡眠状态也是很正常的事情。同样，在平时正常的自然睡眠状态中，也可以通过催眠术使其转入催眠状态，这就称之为睡眠性催眠术。

催眠真的能让人忆起前世吗

一提到催眠现象，似乎不得不提到前世催眠这个颇具争议的话题。但是，关于催眠里面的前世这个说法，催眠界一直以来都争论不休。国外很多专家一直在研究前世催眠，甚至有一些大学专门成立了超心理学系，研究前世、前世催眠以及心灵感应等神秘的话题。实际上，催眠里面所谓的“前世”，未必是大家传统意义上所理解的前世，而很有可能就是受催眠者内心的呈现，也许是人的一种渴望，也许是人的瞬间记忆，也许是人的想象。

有人说，人的灵魂是永生的，死亡只是肉体的死亡，灵魂则是可以重新获得一个身躯，进入另外一个生命周期的。在一些国家和民族、部落里，人们甚至欢庆死亡，因为他们认为：人的灵魂步入了一个新的发展阶段。也曾经有报告提到过，人们在被催眠之后，能够回忆起自己“前世”的生活。那么，事实上有这种可能性吗？关于“前世”真的存在吗？

在一些大众性书籍、刊物中，有作者曾经提出这个问题，科学家们普遍表示很难接受催眠能够让人回忆起前世的这种观点。有研究报告曾经指出，受催眠者能够叙述出那样详细的故事，除非他是真正经历过那样的生活，否则是绝对不可能讲得出来的。关于这一点，各界专家们也都做了大量的实验，来验证受催眠者所讲的那些故事的真实性。只不过，即使能够证明那些事情的真实性，但是受催眠者能够回忆起的被催眠之前不曾知晓的事情就真的是前世的生活吗？究竟是科学还是鬼神之说呢？这个问题又该如何论证呢？

如果要承认人在催眠状态下能够回忆起自己“前世”的生活，那么我们就必须接受这种观点——受催眠者能够回忆起的被催眠之前不曾知晓的事情，就是自己前世的生活。许多人认为自己被催眠之后确实回想起了自己前世的生活，对此想法深信不疑。也有观点说，那些受催眠者叙说的仍然是他们在现世生活中所了解的一些事情，只不过是因为他们在很长一段时间里没有想过这些事情而已。每个人对此的看法不同，所以得出的结论也就不同。其实，除了催眠，人似乎也可以通过做梦来回忆自己的前世，这种情形在儿童中发生的频率非常高，原因可能是儿童的记忆力相对来说很强。据小女孩自己说，她前世为日本兵，被打中头部而死。催眠师们能唤起被催眠的人潜意识中的记忆，引导他们说出很多藏在脑中的印象。但有的时候人们在睡眠中也会有意识地、刻意地去造梦，或者深入观察白天及以前所发生的事情。

不管是催眠状态，还是梦境状态，都是人的意识进入了不同的层次，灵魂呈现出了不同的清晰度。只要人们能够学会自我放松，就会很容易进入这些状态当中。但是，又如何来解释前世的这种现象呢？其实，能够回忆起自己“前世”的人都具有非常好的催眠易感性，当催眠师暗示他们能够回忆起自己的“前世”时，他们就会按照催眠师的指令，想象出自己“前世”的生活，并且相信自己的“前世”就是那样生活的。可以这样说，他们能够回忆起的信息是准确的，但是不完全是自己真正的经历，其中有一部分可能是来自影视、书本等各种媒介，还有一部分则极有可能是杜撰的，这也就像在法庭上有一些被催眠了的证人所回忆的材料大多也是杜撰的一样，只是他们的一种想象，实际上是不存在的。后来，人们为此查阅了积累已久的大量文献，讨论那些自称能记忆前世者的证词以后，得到相同的结论。

此外，还有一点，催眠也不一定就是促使他们回忆起这些事情的直接原因，这里面真正的原因可能是催眠时间以及催眠师的暗示。催眠的作用很大程度上只是使那些催眠敏感度比较高的人相信自己的确曾经有过这样的“前世”生活。而在催眠状态下，人们其实完全可以极其逼真地杜撰出一个梦境，让受催眠者相信确有其事，这个时候所谓前世也就形成了一个基本的框架，而那些真实的记忆与杜撰的回想则在此框架上组合起来，形成了所谓“前世”的生活，这些自我心理的暗示作用很大程度上影响了我们日常的思维模式和记忆的增长。

有一个受催眠者说自己从来没有去过草原，可是在催眠状态下可以清晰地看到草原上的场景，好像真的就是“前世”一样。但是后来经过讨论认为，这个受催眠者完全有可能是在电视、图片上等看到过草原的景色，而且当时印象比较深刻，再加上自己丰富的想象力，塑造出了一幅草原的风景。这位受催眠者为什么会选择“前世”是在草原？其实这只是反映出了他真实的内心世界——对草原的某种热爱、眷恋，而不是真的回忆起了所谓的“前世”。

其实，在实际的催眠治疗过程中，催眠专家、催眠师们并不会过多地关注受催眠者的“前世”是不是真的，他们更多关注的往往是这种催眠对于受催眠者是不是有好处，是不是有益。对于我们来说，以开放的心灵、批判的态度来面对催眠治疗，才是明智的选择。

催眠她，就能让她爱上我吗

通过催眠能不能让自己心仪的人爱上自己，能不能让自己轻易获得爱情，这是很多人对于催眠非常关心的问题。在很多小说、电影及电视剧中，经常能见到一个人被催眠之后，催眠师要他说什么他就说什么，要他干什么他就干什么。很多人受了小说、影视等的影响，也想通过催眠来吸引异性的关注和爱慕，让自己快速收获爱情，而不必再苦苦地追寻。这种通过催眠让对方失去正常清醒时所具有的思想，从而出现幻觉，达到满足自身欲望的想法是不可取的。

催眠师往往听到这样的请求之后会拒绝这种人，然后会反问他：如果你可以天天催眠自己去爱别人、为别人付出、不计较得失与回报，相信你根本就不需要催眠别人，就会有许多美丽善良的好女孩儿爱上你，那么你愿意先这样催眠自己吗？所以，爱情不能强求。有一句话说得好：当爱情要完结时，你不想画上句号也不行，爱情要来时你想挡都挡不住。该是你的迟早都会是你的，不是你的即使强留也留不住。

在生活中，如果人人都有这种催眠的想法，想要通过催眠走捷径，那么就会引起社会的动乱、人们的不安，杀人、抢劫、诈骗、强奸、拐卖等罪行都将会不断地繁衍、扩大。同样的，对于爱情，如果不想在自己的努力与修为上下功夫，那么，催眠是帮不了你的。因为，当对方不爱你的时候，无论你怎样催眠，到头来都只是自欺欺人而已。

其实，爱情本身就是一个相互催眠的过程，需要遵从放松、关注、信任和配合等催眠原则。如果你是一个可以让对方放松，而且你的内在品质很吸引对方，让对方关注你、信任你，那么要催眠她爱上你也就水到渠成，易如反掌了，这种顺其自然的爱情才会维持得更加长久，两人今后的生活也才会更加幸福。

也许有一些人为了达到这种目的而自学催眠术，但是无论你的催眠技术最终练得有多么出神入化，哪怕你能够给你心中所爱的那个人输入指令，令他（她）暂时爱上你，但是由于这是强奸了他（她）的个人意愿，因而会令她的潜意识产生许多的困惑和问题，这样就会引起一些很不好的结果，如果到时候把他（她）折磨成为一个病人，可就得不偿失了。所以，需要强调一点，不是不能催眠别人爱上你，而是作为一个有道义、职业道德高尚的催眠师是绝对不会那么做的。所以，凡是想要通过学习催眠术来控制别人、来满足一己私欲者，催眠师都会坚决拒绝传授他催眠术。催眠师这样做也是为了避免不法分子滥用催眠术来危害他人。

其实，现在很多小说、电影、电视剧中关于催眠的描写，或多或少都有一些夸张和失实的成分，这就在一定程度上误导了人们。生活中，人们应该树立正确的恋爱观、人生观和道德观。要明白，一名合格的催眠师，永远不会做出违反职业道德的事情。作为一名优秀的催眠师更是会以科学态度、专业知识与科学方法客观地帮助大众，在坚持催眠师道德准则时，对于求助者会给予正面、积极的参考意见。

孕妇可以接受催眠吗

在关于催眠的种种疑问中，有人问道：孕妇可以被催眠吗？当然可以。那么，孕妇催眠有什么意义呢？孕妇催眠和一般的催眠是一样的吗？

大家都知道，妇女从怀孕到生产，要经历漫长的10个月，所

以无论是在身体方面还是在心理方面，都会经历许多困难。在生理上，孕妇从一开始的欢喜兴奋，到临产前挺着大肚子坐立不安、忧虑焦急，再到生产时的痛苦分娩，这些都是对女人的考验；而从心理上来说，从怀孕初期担心胎儿是否正常，中期担心自己的身材会不会从此走样恢复不了，再到临产前又忧虑胎位正不正，胎儿是否能够顺利出生，到产后，又为自己能否把婴儿照顾好而忧心似焚，这些都需要孕妇自己来调节，平时应多看一些心理调节的相关书籍，进行自我心理调整。在心情烦躁时听听音乐或做深呼吸，使心情平静，这些问题也就能一一克服。

诚然，孕妇可以从催眠中获得非常大的好处。在怀孕早期，孕妇被催眠时应当听一些轻松、愉快、优美、动听、有趣的音乐，这样可以使孕妇放松，感到舒心。怀孕中期，胎儿生长发育快，催眠可以使孕妇消除一些腰酸背痛的症状，令其整个人都变得轻松起来。怀孕后期，孕妇面临分娩，难免会有些紧张、不安、忧虑的感觉。催眠可以对孕妇进行放松、安慰，降低她们的忧虑感，调整她们的心态，增强她们战胜困难的信心，并可以使她们产生一种即将做母亲的幸福感、欣慰感和胜利感，并把这种轻松、愉悦的感觉传给胎儿，胎儿受其影响也会健康的成长。

对于孕妇的催眠一般是心理操作，不需要服用药物，所以在安全问题上是不用担心的。在怀孕初期，与化学有关的药物孕妇最好不要服用，尤其是在前三个月——胎儿发育的关键期，孕妇应当尽量不服药以降低胎儿畸形的概率。每个孕妇可以根据自身的知识水平、性格、兴趣爱好以及其他实际情况，订立一个适合自己的催眠计划。催眠的方法不必过于强求一律，只要是对自己有帮助，适合自己的就都可以。要知道，怀孕期间的女人主要是要保持良好的心态，合理安排作息时间，保证足够的营养及睡眠。

孕妇只要懂得催眠的技巧，就可以适当施以催眠来加强健康、缓解症状。当然，现代的医疗技术和生产环境可以对孕妇的生产提供非常安全的照护，因此孕妇只需要心情放松，多给自己信心即可，不要给自己增加不必要的压力。当然，此时家属也应该懂得关心和体贴孕产妇，以便她能顺利度过孕产期。

在催眠的过程中，孕妇要始终保持乐观的心情，催眠师也应当给予正面暗示，暗示可以是：你将会生下非常可爱、漂亮、聪明的宝宝，你的生产过程会很顺利，而且产后你会迅速恢复身材，甚至身材会变得比原来更好，孩子以后也会健康快乐地成长，人见人爱，你不用过于担心！

当孕妇的情绪发生变化时，其腹中的宝宝也会接受相应的变化，腹中的宝宝可以接受来自母亲各种的波动。所以，在孕期，孕妇及家人都会注意胎教。而且，在胎教的过程中进行催眠的话效果也会更好，因为催眠可以使孕妇放松，减低她们的焦虑，消除她们恶心的感觉。同时，催眠也可以使生产过程缩短3个小时左右，并使生产过程更加顺利，这样的话，生产中的痛楚也会相应减轻一些。特别是对于麻醉药过敏的孕妇，催眠不仅可以助产，更可以增加母子双方的安全，同时还可以提高孕产妇及胎儿的健康水平。

令人遗憾的是，现在还少有妇产科医生懂得运用催眠，所以催眠行业的普及仍需要一段时间，请人们将耐心的等候。

动物也能被催眠吗

动物也能被催眠吗？动物又不懂人类的语言，为什么可以被催眠呢？看过催眠秀、催眠表演的人一般都会产生这样的疑问，催眠师究竟是怎样做到的呢？为什么有些动物在瞬间就可以进入催眠状态？

稍微了解一些催眠术的人都知道，暗示是催眠现象产生的关键所在，是催眠的心理学基础。催眠师们正是借助于暗示的力量将受催眠者引入催眠状态，并对之开展心理治疗、进行潜能开发等。那么，对于那些根本无法听懂人类语言的动物，怎么能够让它们接收到这些暗示的指令呢？它们是怎样按照催眠师的指示来做呢？

所以，动物实际上是不会被催眠的，它根本无法理解人类的语言。既然如此，那么所谓的“动物催眠”其实也就并非真正的催眠。虽然说人类也属动物的一种，不过毕竟人类与其物种之间进行交流的语言不一样，所以也不可能把他们带入人们的催眠状态。也就是说，催眠人与催眠动物是基于两种完全不同的理论。

简单来讲，“动物催眠”与人类的催眠治疗是毫无关系的。而人们通常所提及的“动物催眠”是通过压迫动物颈部动脉的方法带领它们进入所谓的“催眠状态”，我们日常所提及和使用的催眠则是指人类通过采用特殊的行为技术并结合特定的言语暗示，使接受催眠的人进入到催眠状态中。从这个角度来讲，人和动物的催眠本质上是不同的，所以，所谓的“动物催眠”不属于人们日常所提及的催眠范畴。因此，也可以说催眠动物不是科学的催眠术，催眠人可以通过语言引导，但是催眠动物是不可能做到的。

常见的鸡、鸭、兔子、青蛙甚至鳄鱼，在催眠师的催眠下，它们的肌肉看上去就像软掉一样，任由催眠师进行摆放，再或者是催眠师对着这些动物摆弄一番或者耳语一番之后，它们就逐渐安静下来，静止不动了。这个时候就说明催眠师已经催眠成功了，催眠师的这种手法会让那些不明白其中原理的人产生对催眠的恐惧感，因为他们通过观看表演会觉得催眠师们简直太可怕了，连动物都可以任意指挥和控制，更何况人呢？如果人也被这样随意控制，那么今后的生活将会不堪设想。

其实，在真正了解了“动物催眠”的答案以后就会消除恐惧了。例如，在观看一位国外的催眠师进行动物催眠表演时，心细的人可以发现他在操作的过程中不失巧妙地用拇指按住了鸡的颈部动脉，等到它窒息休克之后就松开了手，这个时候，鸡已经四肢瘫软了。在观众们的赞叹声中，这位催眠师就完成了一次所谓的“动物催眠”表演。根据这种方法，催眠师是完全可以催眠一些常见动物的，例如鸭、兔子、狗、鳄鱼等动物。只要你用手指按压它们的颈部动脉，令它们因窒息、缺氧而休克。这些方法与大脑和语言无关，当抑制翻正反射的中枢发生了兴奋，动物们就能进入所谓的“催眠”状态，任人摆布。

事实上，这些动物只是催眠表演节目中的舞台道具，供人娱乐以及消遣用。除了让动物窒息、缺氧而休克，进入所谓的“催眠”状态，还有其他的方法来进行动物催眠表演。例如，不同的动物有着不同的神经敏感区，因此对于它们的刺激手法也是不一样的。有的催眠师是通过刺激这些动物的神经敏感区来使它们感

觉非常的难受，然后进入短暂的休克状态，除了以休克状态进入“催眠”，还有一些动物在遇到强烈的外界刺激时，会出现“假死”状态或“木僵”状态，从而也可以达到圆满的舞台效果。另外，还有一些催眠师则是对动物进行爱抚以达到“催眠”，这一点，其实我们在生活中不难体会。对于那些与自己特别亲近的小宠物，比如小狗，如果我们抚摸得非常舒适的话，小狗就会进入浅浅的睡眠状态，不愿意动弹。同时，还有一些催眠师会使用驯兽员的方法，利用反射原理，利用食物刺激来使动物装死以配合其表演“动物催眠”。这种催眠可因从各部位传来的刺激被与在表现上的假死反射相似，但其机制却相反。

如果说前面利用休克状态、假死状态、木僵状态将动物“催眠”，这些行为多少有些科学技术含量和生物学专业性知识的话，那么最后这种行为——利用条件反射来表演则纯粹是一个骗局了。甚至，有的催眠师为了制造更好更逼真的表演效果，还会在催眠表演之前预先给动物灌注镇静类的药物，算准时间之后用它们来进行“动物催眠”表演，让观众在大呼神奇之后赚取更多的利润，这一种名为催眠性质的表演是蒙骗观众的行为，应当受到法律的制裁。

测一测，你是否容易被催眠

被暗示性测试：你是否容易被暗示

暗示是指在特殊情境中传递信息，影响他人的生理和心理活动。现在，很多人都已经知道，在进行催眠治疗之前，需要对受催眠者进行被暗示性测试。催眠师可以借由测试受试者的过程来得知受试者的被暗示性程度，那么，受催眠者到底如何接受被暗示性测试呢？主要分为手指靠拢测试、手纠缠测试、热错觉测试以及印象测试四种测试。

手指靠拢测试

首先是手指靠拢测试，具体过程为：

催眠师先将手指交叠，接着对接受测试的受催眠者说："将你的手指像我这样交叠在一起。"这时，催眠师对受催眠者做出令大拇指紧紧地交叠在一起的指示。受催眠者顺从性地配合了催眠师。

然后，保持住这个状态，再让受催眠者伸出食指。催眠师说："请伸出你的食指……对，就是这样。再伸直一点……是的，做得很好。"催眠师一边说，一边让受催眠者的食指打开二至三厘米宽，并同时暗示受催眠者完全不用想什么，只要按照催眠师的指示做就行了。

将手指的动作完成之后，催眠师会用左手轻触受催眠者的手臂及肩膀，然后用右手指着对方突出的食指中间，说道："现在，请凝视指间，保持下去，继续凝视。"

然后，催眠师捏住对方的食指说："当我说'好，松开手指'时，你就将食指互碰，像这样。"重复此食指互碰练习二至三次。

催眠师："不要刻意地去做，你可以让它们自然地互相碰触……对，很好，放松肩膀的力量……手指渐渐地互相碰触在一起了。再接近一点，让它们碰触在一起。"一边说着，就像是用大拇指和食指紧紧地捏住对方的指尖似的，让它们互相靠拢，慢慢地靠在一起。

催眠师："很好，现在完全碰在一起了……已经全部碰在一起了。"以此来暗示，使受催眠者的手指完全地碰在一起。如果没有成功，可以重复这一暗示。

在这个过程中隐藏着被暗示性测试及诱导法的秘诀与原理。第一个秘诀就是，在达到放松的状态后，受催眠者原本就能够做出将手指碰触在一起的动作，但是在催眠师的暗示下，无意识地对催眠师产生一种信赖感，因此，当受催眠者的手指之间的缝隙逐渐变窄时，"你看，碰在一起了"——催眠师说出这句话，被测试的受催眠者就会像被暗示的那样，配合着做出手指互相碰触的动作，就像追赶这句话似的。"手指碰触在一起喽！再也不会分开了！"重复给予这个暗示，就可以巧妙地强化受催眠者的被暗示性。但是，除了给予受催眠者暗示性的言语，催眠师还必须根据受催眠者身体的动作，给予相应的暗示，让受催眠者注意力集中，其他杂念自行停止，这是一大重点。如此，接受测试的受催眠者才会被置于容易产生暗示效果的状态中，这种给予暗示的技法，称为伪暗示法。

第二个秘诀就是，在最后的环节中，在手指碰在一起的瞬间，催眠师还要追加暗示说："你看，完全碰在一起了，想要分也分不开了，没有办法分开了。"

在催眠诱导中，不需要用特别的声调，但是，当受催眠者为能否顺利进行诱导而感觉不安时，催眠师就必须调整语气。如果能够做得很好，依照暗示的原理，改变声调就可以了。在暗示的时候，说话的声调不可以太大或者太高亢，要用平静的语音和语调，在受催眠者产生反应时，催眠师要配合其反应的速度，提高语速，或者用抑扬顿挫的语调，加快受催眠者的反应。接下来的重点是，催眠师要用充满自信的口吻说："你看，手指碰触在一起了，已经完全碰在一起了！"

在这种暗示原理，进行被暗示性测试，如果做得不好，催眠师绝对不能怀有"失败"的念头而动摇或者停止，也不可传递给受催眠者这样的想法。在诱导过程中，面对受催眠者，要尽量保持自信，对催眠师来说，这是非常重要的。倘若自身犹豫恍惚，信心不足，想要战胜别人的意志只会是一句空话。

不管是对自己还是对受催眠者，都必须强调这只是个测试，无须太过紧张和担心。有时候，"很好，心情已经恢复平静了吧？""再重复一次好了。"这类同样的测试甚至会重复多次。其实，即使施行同样的测试，也可以使用不同的暗示话语，每进行一次都略微地改变一下，也是一个很好的方法。此外，"当我数十下，手指就会碰触在一起了……十、九、八、七……一，看，真的碰触在一起了！”如此，在暗示中加入数数的方法，也能使测试顺利进行。另外，催眠师需要仔细观察受催眠者的反应，如果发现该测试不适合受催眠者，就说：“好了，很好，你的心情已经平静下来了，现在我们改做其他的练习。”转而进行其他的测试。所以催眠师必须具备良好的应变能力和敏锐的观察力，以便灵活自如地引导受催眠者进入稳定的催眠状态，不至于因中途卡壳而导致催眠失败。

手纠缠测试

在开始手纠缠测试之前，首先，接受测试的受催眠者必须脱下自己的戒指、手表、皮带等物。如果受催眠者是女士，也要摘下项链、手环等饰物，然后解开内衣，尽可能让自己轻松起来。

催眠师站在受催眠者的斜前方，对受催眠者说：“像这样，双手向前伸出，张开手指。”边说边伸出自己的双手做示范，并要求接受测试的受催眠者跟着做。接着，催眠师将双手手指交叠：“请跟我学，像这样，手指深深地交叠。”当然，前提是受催眠者身心放松，对于催眠指令反映良好，能服从催眠师的暗示指令。

于是，接受测试的受催眠者手指交叠。这个环节的重点是，必须连指根都紧紧地交叠在一起。然后，“弯曲手指，让手掌尽可能地贴合”。边说明边指导受催眠者弯曲手指，让手掌紧密地贴合。如果弯曲得不够，便会失败，所以，手指一定要足够弯曲，使指尖尽量贴住手背，并且保持住这个姿势。

然后，催眠师用手包住受催眠者的双手，说道：“是的，就是这样，让手掌紧紧地贴合在一起。手指弯曲，手掌才能更紧密地贴合。这样，手指也会紧贴住手背。”一边说着，一边拉住受催眠者的双手，使其手臂向前伸直。催眠师双手从受催眠者的肩部向手的前端抚摸二、三次，并说：“双手强而有力地紧紧贴合着，手臂伸直变硬。”此时受催眠者手臂所有的肌肉都受到控制了，酸麻胀痛的感觉会部分消失。

然后，“双手紧紧贴合，手臂伸直变硬”。一边说，一边抚摸受催眠者的手臂二至三次，使其笔直伸展，再一次让受催眠者的手掌紧紧地贴合，然后再次伸直手臂。催眠师同时可以暗示受催眠者手臂变硬的程度，让其加以想象，这样效果更佳。

为什么务必要使受催眠者的手臂伸直呢？因为要使交叠的手松开，手指必须打开才行，而一旦伸直手臂，手指就很难打开。而且，即使打开，如第一要点所说，手指深深地交叠，轻微的力量是没办法使其打开的。这就构成了手实际上难以分开的条件，然后再给予“无法分开”的暗示。这时，催眠师不要一直给予受催眠者手无法分开的暗示，而是要先用右手食指指着受催眠者拳头的拇指指甲做指示：“请仔细看着这拇指指甲。”然后，受催眠者凝视指甲，“看到手指时，手指变硬，手变得更硬了。”催眠师说。这时候，受催眠者的手以及手腕附近伸直的手臂，不能够放松。然后，“手已经无法分开了。就算你想把手拉开，也没有办法分开了”。保持这种自信而肯定的语气，接着说，“是的，真的无法分开了！”受催眠者听后也会坚信不疑。这时催眠师的意志战胜了受催眠者的意志，进而发生心理上的感应，最终导致催眠师对受催眠者意志的全面控制。

催眠师对受催眠者做出坚定的判断后，然后刻不容缓地、不断地做出“你越想分开，它们就越紧地贴着”“贴合得相当紧密，绝对无法分开”这样的暗示，然后试着将受催眠者的手左右晃动，结果显示双手处在完全贴合无法分开的状态。在这个环节的暗示过程和前面说到的手指靠拢测试中的暗示中，同样关键的是凝视拇指的这个秘诀。就是说，要创造手无法分开的条件，必须凝视拇指，使注意力集中于一点，这样，受催眠者就根本不会去想如何能将双手分开，不会想到只要把手指松开，双手就能分开，而只会遵从被暗示的，认为手难以分开了。这就是秘诀所在。或者说，为了不破坏特意被提高的被暗示性，催眠师会在受催眠者还没想到如何分开之前就解除测试，这很重要。需要解除测试时，催眠师便轻触受催眠者的手，说道：“现在让两手放松，手指打开，很轻松地就分开了。”“是的，很轻松地分开了，很好，你的催眠敏感度很不错……”随之，受催眠者的手在催眠师的引导下被分开。

但是，如果受催眠者抵抗暗示，在中途打算松开手，却又无法做到时，说出“已经松开了，但是很难张开啊！”这些话语，将会使被暗示性显著地降低。一旦看到受催眠者手指伸直，手即将分开的征兆时，在不容挽回之际，轻拍受催眠者的手，“好了，现在已经分开了”。做这样的暗示，使受催眠者的手自然分开就可以了。当然，如果催眠师的暗示技术太拙劣，这样便会无任何效果。如果催眠师能深刻领会暗示运作的奥秘，并能洞察受催眠者的精神状态，并能临机变化，给予受催眠者以适当巧妙的暗示，便易取得成功。

热错觉测试

被暗示性测试能够在一定程度上成为催眠诱导的暖身运动，或者可以称为催眠诱导法，但是这个测试仅仅可以了解受催眠者的被暗示性，可以说是纯粹的被暗示性测试，而且，它与普通的测试有所不同，热错觉测试必须要有特殊的装置才可以进行，以下方法可以供大家参考：

首先，要在接受测试的受催眠者的额头上贴上一个小的加热器，并事先对其说明，转动转盘，加热器就会变热。然后，让接受测试的受催眠者慢慢地转动转盘，当额头上感觉到热后，立刻取下加热器，这时，让受催眠者记下转盘的刻度。接着，再做同样的实验，但是，这次要在受催眠者没有察觉的情况下，切断电源，不使电流通过。然后，当受催眠者转动转盘到接近第一次实验所记下的刻度时，你要做出这样的暗示："啊，注意了！不久之后就会变热，慢慢变热，好，已经热了，越来越热，你感觉到热得无法承受的时候可以自行取下加热器。"

按理说，没有电流通过，应该感觉不到热，而对于自身被暗示性高或是被暗示性已经被提高的人，他们却仍会感觉到热意。这个测试就是使用电极才可以进行的。一旦催眠师确定了受催眠者受暗示性的程度，在实施催眠时就可以清楚地拿捏指令的分寸了。

印象测试

印象测试可以说是一项综合测试。它是利用印象和手的疲劳方法，借以了解受催眠者的想象力是否丰富的测试。此外，催眠者从中也可以得知受催眠者对于催眠的抵抗程度。

首先，让接受测试的受催眠者坐在椅子上，闭上眼睛。然后使其深呼吸，全身放松，或者让之以最舒服的方式站立，保持身体挺直，脚后跟并拢，脚掌微微八字分开，双手自然下垂。催眠师握住受催眠者的双手，说道："手轻轻地向上抬。"一边说着，一边使其两手上抬到与肩同高的位置，然后轻握受催眠者的左手。这时，令其拇指向上扬，“现在请想象你的拇指上绑着一根线，拉着一个大气球”。这样对受催眠者说。催眠师也可以描绘得更加仔细，让受催眠者可以更好地想象到、感受到。

接着，催眠师再让受催眠者右手张开，手掌朝上，“想象你的眼睛凝视着鼻尖，把你的注意力专注在你的鼻尖上，继续保持深呼吸。好，现在想象你的左手上放着一本又厚又重的电话簿（也可以换成其他重量物品），非常的沉重”。做这样的说明。

“请开始想象，拉着气球的左手变得越来越轻了……而拿着电话簿的右手渐渐感到沉重，越来越沉重……你的右手越来越重，越来越往下降；而你的左手越来越轻，越来越往上漂……右手下降，左手上升……右手下降，左手上升……气球正冉冉上升。”做这样的暗示。

如果受催眠者的左手上升、右手下降，双手已经有明显的差距，这个测试就可以告一段落了，表示这个人具有较高的被暗示性。如果相反，左手下降、右手上升，则表示受催眠者对催眠还有抵抗感，则必须重新从相互建立信赖的阶段开始。

此外，有时即使受催眠者会做出完全相反的动作，对催眠表示出抵抗性，也同样具有某些反应，催眠诱导的可能性仍然很大。所以，催眠师遇到此类情况时，不必过于悲观，要耐心观察。

其实，双手不上不下、完全没有任何反应的情况，才是比较棘手的。这时，不要再固执地坚持用印象法，须马上改用其他的被暗示性测试，直到找到适合受催眠者的测试为止。

催眠敏感度测试：你是否对催眠很敏感

雪佛氏钟摆测试

暗示性敏感度测试为催眠师提供一种方法来了解受催眠者对催眠的接受度及敏感度，催眠师可以经由暗示性测试来了解受催眠者是否容易进入催眠，也可以让催眠师有个初步的线索来找出催眠方式及催眠所需的时间。

在专业的环境下，受暗示性测试不见得是必需的。受催眠者可能不会喜欢做这方面的测试。所以，与其那样做，催眠师不如多花一点时间来建立与受催眠者之间的信任关系。

催眠敏感度的测试，可以非常有效地预测受催眠者接受催眠治疗的效果。例如，从敏感度测试可以得知哪一种引导技巧对受催眠者更有效，知道受催眠者的想象力、专注力如何，知道受催眠者的信赖程度以及受催眠者是否对催眠有不合理的期待，等等。

同时，可以将实施敏感度测试视为正式催眠前的暖身运动，也可以在正式催眠时植入指令使之更加容易深入，甚至有时在测试时就能达到良好的催眠状态，这样就可以直接开始治疗了。催眠敏感度测试的方法主要包括雪佛氏钟摆测试、手臂升降测试、柠檬（苹果）观想测试、双手紧握测试及身体后倒测试。下面首先介绍雪佛氏钟摆测试。雪佛氏钟摆测试的名字是从一个早期的法国治疗师那里得来的。这是一个很不错的初步测验，因为对大部分的受催眠者而言，成功率很高，而对小孩子来说更是一个特别好的测验方法。

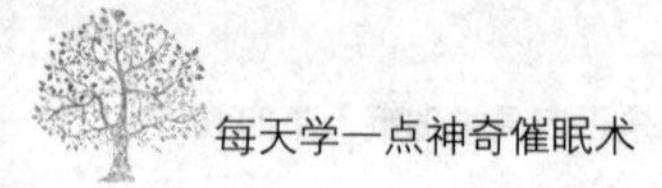

1. 自己进行雪佛氏钟摆测试

（1）测试前的准备。首先，在白纸上画一个直径大约为15厘米的圆，然后经过圆心，分别画一条水平和垂直的直线，将圆圈分割为4等份，这样就做成了一张雪佛氏图。然后，在水平直线的两端由左向右标注上A、B，在垂直直径两端由上至下标注上C、D，圆心标注O，将这张图平铺在桌面上。接着，取一条长约20厘米的细绳，在细绳的下端拴上一个葡萄大小的重物当作测试用的钟摆（可以是玻璃球或老式怀表）。催眠师一般用一块木制的马蹄状“磁铁”围绕小铁球运动。最后，找一个安静的环境，关掉手机，去掉身体上的耳环、项链、手环及腰带、眼镜等饰物，准备开始测试。

（2）测试过程。站在桌子的前面，先放松一下自己的身心，做几个深呼吸。当你感觉到自己已经放松下来后，用右手（或者左手）的大拇指和食指捏住钟摆细绳的末端，使钟摆悬垂在雪佛氏图的正中央O点上方，固定不动，然后固定手肘和手臂的位置。注意手上不要加任何力量，注意力集中于AB这条直线，视线由A到B，再由B到A来回地移动。（除了有A到B做钟摆式运动还有A到C到D做圆周运动）

很快，你就会发现钟摆开始沿着AB线在轻轻地摆动。在直线CD上重复这个实验，也会出现同样的结果。正面的反应：摆捶会完全地往暗示指示的方向移动。

让眼睛按A→C→B→D的顺序沿着圆弧循环往复地转动，钟摆也就会晃动一个圆形的轨迹。如此类推，反方向也是如此。

以上就是著名的雪佛氏钟摆测试，当我们的头脑中只考虑这条线的时候，大脑就进入了潜意识状态。于是，在不知不觉中，潜意识就使自己的手部肌肉产生了细微的运动，继而使钟摆发生了晃动，这就是自我暗示的力量。但如果你心里想的是按顺时针方向转动摆锤，而钟摆却按逆时针方向转动摆锤，这就说明你心理产生了抗拒。我们可以利用这些道具，用以下引导词，对别人进行这个测试。最好先用优势手来操作，然后再换另一只手。

2. 为他人进行雪佛氏钟摆测试

测试前的准备同上。下面说明测试的具体步骤：

（1）引导接受测试的受催眠者站在铺好的图上，全身放松，以优势手的大拇指和食指捏住钟摆细绳的末梢，把钟摆悬垂于图的正中央O点上方，保持平稳状态。

（2）引导接受测试的受催眠者保持手臂和手肘固定不动，视线在A、B两点间来回地移动，此时，钟摆也会跟着在A、B间来回移动。如果没有摆动，或者摆动的方向不是在A、B两点间，请提示他继续呼吸，继续放松，然后再次开始。

（3）引导受催眠者的目光焦点固定在O点上方，让自己（催眠师）的钟摆静止下来。

（4）引导受催眠者继续保持手臂和手肘固定不动，视线在C、D两点间来回地移动，此时，钟摆也会跟着在C、D两点间来回移动．如果没有摆动，或者摆动的方向不是在C、D两点间，请提示他继续呼吸，继续放松，然后再次开始。

（5）引导受催眠者的眼神固定在O点上方，让自己（催眠师）的钟摆静止下来。

（6）让受催眠者的眼神按着A→C→B→D的顺序沿着圆弧反复转动，此时，钟摆也会跟着按A→C→B→D的轨迹循环地移动。

（7）引导受催眠者的眼神固定在0点上方，让自己（催眠师）的钟摆静止下来，结束测试。

3. 引导示例

下面的引导示例，可供大家参考：

“好，现在让我们来做一个非常有趣的游戏，关掉你的手机，去掉你身体上的所有饰品、腰带和眼镜，包括所有妨碍你放松的物品，一律去掉。”

“请站在那张桌子的前面，慢慢地调整你身体的姿势……对，就这样，做得很好……现在，请慢慢调整你的呼吸……你的身体将渐渐地放松下来……好的，就是这样…现在你的身体已经完全放松下来了，请用你右手（或者左手）的大拇指和食指夹住钟摆细绳的末梢，将钟摆悬垂在图的正中央0点上方……对，好的……你做得非常好……现在，手臂和手肘不要动，深呼吸……继续……慢慢地呼吸……慢慢地呼吸……呼吸……好……手臂和手肘继续保持……继续呼吸……视线在A、B两点间来回地移动……来回地移动……对，就是这样……就是这样由A至B，由B至A来回地移动……来回地移动……对，很好，就是这样……全神贯注……全神贯注地来回地移动……来回地移动……好，继续，专注……由A至B，由B至A来回地移动……来回地移动……好，做得真棒……很专注，现在你的钟摆也开始随着你的眼神摆动了……来回地摆动起来了……不要停下来，继续摆动，你的视线也转动得越来越快……好，幅度越来越大……越来越大……好……继续……”

（这时，多数受催眠者的钟摆都会摆动起来。如果没有摆动，或者摆动的方向不是在A、B两点间，请提示他继续深呼吸，然后放松，再次开始，直到摆动方向正确为止。）

“对，就是这样……让钟摆随着你的视线摆动起来……来回地摆动……好，你做得非常好……现在你的视线移动得越来越快……越来越快了……好，非常好……现在你的钟摆也在随着你的视线不停地摆动……更快地摆动了……对，更快了……更快地摆动了……对，非常好……你做得非常好……现在让你的眼神固定在0点上方……好，保持你的手臂和手肘固定不动，让你的钟摆渐渐停下来，好，变慢下来，直到完全静止下来……”

（这时，多数情况下对方的钟摆都会慢慢地静止下来。如果没有静止，请提示他继续呼吸，全身放松，然后重新开始。）

“好……继续保持你的手臂和手肘固定不动……继续呼吸……让视线在C、D两点间来回地移动……来回地移动……对，就是这样……就这样由C至D，由D至C来回地移动……来回地移动……对，就是这样……专注……来回地移动……来回地移动……好，继续专注……由C至D，由D至C来回地移动……来回地移动……好，你做得非常好……现在你的钟摆也在随着你的视线摆动了……摆动起来了……对，就是这样……让你的钟摆随着你的眼神摆动着……来回地摆动着……好，你做得非常好……现在你的视线移动得越来越快了……越动越快……好，非常好……现在你的钟摆也在随着你的视线更快地摆动了……更快地摆动了……对，更快地摆动了……更快了……好，非常好……现在你已经可以随意控制你的钟摆了……随意控制你的钟摆……好，很好，现在将你的目光焦点固定在0点上方……让你的钟摆慢慢地静止下来……现在，让眼睛按着A→C→B→D的顺序沿着圆弧反复地转动……反复地转动……对，就是这样……全神贯注……全神

贯注地反复地转动……反复地转动……好，非常好……好，让你的钟摆随着你的眼睛转动的方向摆动着……来回地摆动着……对，你看它摆动起来了……摆动起来了……好，你做得非常好……现在你的眼睛越转越快……越转越快……你的钟摆也在随着你的眼神更快地摆动了……更快地摆动了……好，很好，现在让你的眼神固定在0点上方……让你的钟摆慢慢静止下来……静止下来……好，它停了下来……”

结束测试：“好，非常好……你做得很好……很成功……你的专注力非常好……现在请慢慢地放下钟摆……慢慢地舒展你的身体……放松你的眼睛……坐下来……”

正面反应：钟摆会完全地按照暗示所引导的方向摆动，表明受催眠者的催眠敏感度高。

负面反应：钟摆不摆动，或者沿与所暗示的方向不同的方向摆动，则说明受催眠者强烈抵抗，遇到这种情况时就要在沟通中寻找原因，降低受催眠者的抗拒感，以便于下次更好地进入催眠状态。

手臂升降测试

进行手臂升降测试之前，应当先教会接受测试的受催眠者测试用的手势，即：双臂向前平伸，左手张开，掌心向上，右手轻轻地握成空拳，拇指向上竖起。这样做的目的是根据受催眠者的反应找出适合引导他进入催眠状态的方法，并且可以初步估计催眠所需要的时间。

在教会受催眠者测试用的手势以后，请受催眠者关掉手机，去掉身体上的饰品、腰带、眼镜等。找一个令其感觉舒服的地方站好，两臂自然地下垂。

手臂升降测试的步骤如下：

（1）引导受催眠者两腿分开自然站立，将身体放松，闭上眼睛，然后双臂向前平伸，左手掌心向上，右手轻轻地握成空拳，拇指向上竖起，也就是让自己大拇指直接指向天花板。

（2）引导受催眠者闭上眼睛，然后想象在自己左手的掌心上被放置了一个重物，（可以是书或字典等）在右手的拇指上拴上了一个大气球，气球的颜色越醒目越好。

（3）引导受催眠者的左手不断下降，右手不断上升。（因为氢气是一种会往上升的气体，所以人手能够感觉到）

（4）经过一段时间以后，觉得受催眠者的双手已经有明显的位置变化了，一上一下，如此一来，就可以引导其睁开眼睛，看一下双手的位置变化。

（5）请受催眠者放下双臂，结束测试。

以下引导示例，可供大家参考：

“好，现在让我们来进行一个好玩的游戏吧，请你选择一个觉得最为舒服的姿势站好……好，调整你的呼吸……深呼吸……慢慢地吸气……慢慢地呼气……慢慢地吸气……好，非常好……把你的双臂向前平伸，左手掌心向上，右手轻轻地握成空拳，拇指向上竖起……对，就是这样，现在请慢慢地闭上眼睛……慢慢地闭上眼睛……此刻，你感觉到你的身体放松了……全身放松……完全地放松……非常好……你做得很好……继续慢慢地深呼吸……慢慢地、深深地呼吸……现在，充分发挥你的想象力……想象你的左手放了一本很重很重的书，压得你的左手渐渐地向下沉……渐渐地向下沉……向下沉……向下沉……而你的右手拇指上拴着一个很大的氢气球，气球带着你的右手不断地向上飘……不断地向上飘……向上飘……向上飘……好，你做得很好……你的左手感觉越来越重……越来越重……在不断地向下沉……不断地向下沉……向下沉……你右手的气球越飞越高……在牵着你的右手慢慢地向上飘……慢慢地向上飘……向上飘……向上飘……你的左手不断地向下沉……不断地向下沉……向下沉……你的右手不断地向上飘……不断地向上飘……向上飘……好，你做得非常好……你的左手不断地向下沉……向下沉……向下沉……右手不断地向上飘……不断地向上飘……向上飘……你的右手越来越轻……越飘越高……好，你的左手越来越沉重……越来越沉重……左手越来越下垂……下垂……体验那种感觉……”

当发现受催眠者的双手位置已经有明显变化的时候，测试就可以告一段落。结束测试：“好……很好，现在睁开眼睛，看一看你双手的位置，很好……你做得非常好……你的想象力非常好……现在请慢慢地放下你的手臂……放下来……慢慢睁开你的眼睛……睁开眼睛……”

正面反应：受催眠者的双手移动得缓慢而有节奏，表示有很高的催眠敏感度。负面反应：如果受催眠者的双手移动得太快，表示其可能有假动作；如果受催眠者的双手没有移动，表示其可能是在强烈抵抗，那么就请在沟通中寻找原因。这个测验是非常重要的催眠敏感度测试方法。在催眠中，受催眠者的想象力对催眠的效果是有很大影响的。想象力越丰富，两手的距离会越大，而想象力较贫乏的则相反。

柠檬（苹果）观想测试

柠檬观想测试，或称之为苹果观想测试，测试原理是相同的，只是所借助的道具有所不同，而且道具还可以换成接受测试的受催眠者所熟悉的其他水果，只不过常用的是柠檬和苹果。这主要测试受催眠者的视觉、触觉、味觉等想象力。

在进行测试之前，请受催眠者关掉手机，去掉身体上的饰品、腰带和眼镜等。找一个感觉舒服的地方，全身放松，深呼吸后两腿分开自然站立，两臂自然地下垂。测试步骤如下：

（1）引导受催眠者身体完全放松下来并且慢慢地闭上眼睛，然后慢慢地调整呼吸。

（2）引导受催眠者想象面前有一片刚切开的特别新鲜的柠檬（或者其他被测试者本人所熟悉的水果，例如苹果、梨等用来测试视觉想象）。

（3）引导受催眠者想象闻到了柠檬的味道（测试嗅觉想象）。

（4）引导受催眠者想象自己慢慢地拿起了那片切开的柠檬（测试触觉想象）。

（5）引导受催眠者想象用舌头品尝柠檬的味道，观察受催眠者有没有嘴唇和喉咙动的现象（测试味觉想象）。

（6）引导受催眠者扔掉那片柠檬，唤醒受催眠者，让其一切感觉都恢复到正常状态。

（7）结束测试，并且询问受催眠者的感受，一起进行分析总结。

下面的引导示例，可供大家参考：

“好，现在让我们来进行一个非常有趣的游戏，请你舒展一下自己的身体，然后找一个舒服的姿势站好……好，做得非常好……全身放松……请慢慢地调整你身体的姿势……把你的身体调整到最舒服的状态……对，非常好……现在请你慢慢地闭上眼睛……对，就是这样……你闭上了眼睛……现在你感觉到你的身体正在渐渐地放松下来……好，你做得很好……你配合得非常好……现在，请你慢慢地调整你的呼吸……深呼吸……对，就是这样……慢慢地调整呼吸……好，非常好……就是这样……深深地呼吸……均匀地呼吸……呼吸……好，你做得很好……非常好……现在，请发挥你的想象力，想象你的眼前出现了一片刚刚切好的柠檬……好，非常好……就这样均匀地呼吸……深深地呼吸……呼吸……想象你的眼前出现了一片刚刚切好的柠檬……一片刚刚切好的，非常新鲜的柠檬……想象这片刚刚切好的新鲜的柠檬……想象柠檬果皮的颜色……想象柠檬果肉的颜色……对，非常好……就这样均匀地呼吸……就这样放松……想象柠檬果皮的颜色……想象柠檬果肉的颜色……好，做得很好……想象柠檬果皮的颜色……想象柠檬果肉的颜色……好，非常好……想象这片柠檬离你越来越近……离你越来越近……越来越近……你渐渐地可以闻到柠檬清新的味道了……你可以闻到柠檬清新的味道了……好，非常好……你可以闻到柠檬清新的味道了……是那么香甜，那么诱人……好，继续深呼吸……呼吸……”

这个时候，催眠敏感度较高的受催眠者会做出用鼻子嗅味儿的动作。

“好……非常好……你做得非常好……现在试着伸出你的手来……拿起这片柠檬……对，就是这样……伸出手来……拿起这片柠檬……感受你触碰到柠檬的感觉……你的手触碰到柠檬的感觉……凉凉的感觉……表皮还有点光滑……摸着非常的舒适……”

这个时候，催眠敏感度较高的受催眠者会慢慢地伸出手来，去拿想象中的柠檬。

“对……拿起这片柠檬……感受你触碰到柠檬的感觉……凉凉的感觉……对……好，你做得非常好……请拿起这片柠檬……非常好……放在你的嘴里……对，就是这样……请把这片新鲜的柠檬放在你的嘴里……品尝它的味道……请把这片新鲜的柠檬放在你的嘴里……对，就是这样……轻轻地咬一口……尝一尝柠檬的味道……好，非常好……仔细地尝一尝柠檬的味道……酸酸的柠檬汁正慢慢地渗向你的舌尖……好，很好……非常好……酸酸的柠檬汁正慢慢地渗向你的舌尖……慢慢地渗向你的舌尖……酸酸的……柠檬汁正慢慢地渗向你的舌尖……你尝到了酸酸的柠檬味……酸酸的……很提神……很清爽……再尝一口……对，很酸……酸得牙疼了……太酸了……”

这个时候，大多数的受催眠者会有明显的吞咽唾液的现象。

结束测试：“好，很好……你做得非常好……非常好……现在，请你慢慢地扔掉手里的柠檬……请你慢慢地扔掉手里的柠檬……对……就是这样……请你慢慢地将手里的柠檬扔掉……好，很好……现在柠檬已经扔掉了，你嘴里的味道正常了……你的鼻子中呼吸到的是新鲜的空气……是新鲜的空气……对……好，很好……就是这样……现在请在内心数1、2、3……当数到3时睁开眼睛，完全回到现实中来，醒来后精力充沛……好，1，请慢慢地睁开你的眼睛……完完全全地回到现实中来……好，就这样……2，慢慢地睁开你的眼睛……完完全全地回到现实中来……3，好，已经回来了……”

测试之后，应当询问接受测试的受催眠者是否看到了柠檬，如果较清晰地看到了柠檬，则证明受催眠者的视觉想象较好；询

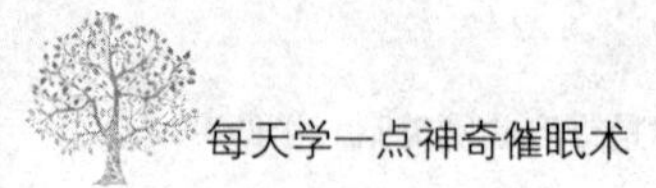

问受催眠者是否闻到了柠檬的清香味道，如果较清晰地闻到了柠檬的味道，则证明受催眠者的嗅觉想象较好；询问受催眠者是否感觉到了柠檬的质感，如果较清晰地感觉到了柠檬的质感，则证明受催眠者的触觉想象较好；询问受催眠者是否尝到了柠檬的味道，如果有唾液分泌增多的现象，明显感到自己嘴里充满了酸味，则证明受催眠者的味觉想象较好。

更需要注意的是，如果接受测试的受催眠者没有上述的这些反应，并不能以此证明受催眠者的相应想象能力不佳，需要继续进行沟通并且更好地建立信任关系来寻找原因，还要进一步弄清接受测试的受催眠者是否真的愿意接受催眠治疗，也可以采用以下权威式的引导方法来测试一下受催眠者的催眠感受性。在采用权威式引导方法来引导对方时，要注意引导的过程要流畅，语气要逐渐地加强，并且坚定有力，语速要快。语言要精练、简洁，能够掌握受催眠者的心理，做到一语中的，切中要害。

双手紧握测试

若受催眠者对许可式的测验没有反应，可以试试双手紧握测试。当对一个团体做暗示性测验时，这是一个很好的可以利用的方法。

在进行双手紧握测试之前，要先请接受测试的受催眠者关掉手机，去掉身体上的饰品、腰带和眼镜等。找一个感觉舒服的地方，全身放松，两腿分开自然站立，两臂自然地下垂。然后，应当教会接受测试的受催眠者测试要采取的姿势，即：双臂向前伸直，双手掌心相对，手指张开，十指握在一起，手臂要尽量伸直，两侧肘部要尽量靠近，越近越好。测试步骤如下：

（1）引导接受测试的受催眠者放松下来，深呼吸后轻轻地闭上眼睛。

（2）引导受催眠者将自己的双臂向前伸直，双手掌心相对，手指张开，将十指紧握在一起，越紧越好。

（3）引导受催眠者的双手越握越紧，最后想分都分不开，并且牢牢地连在了一起。

（4）引导受催眠者停止尝试，手臂渐渐地恢复正常状态，并且自然下垂。

（5）引导受催眠者的一切感觉都恢复到正常状态，眼睛睁开，完全回到现实中来。

（6）结束测试，并且询问受催眠者的感受。

此例测试非常重要的是，催眠师刚开始时要用平常讲话的语气引导受催眠者，随受催眠者的反应来逐渐转变成比较坚定的语气。

下面的引导示例可供大家参考：

“好，现在让我们来进行一项有趣的测试，请你找一个舒服的姿势站好……好，请舒展一下你的身体，让身体放松下来……对，很好……就是这样，现在请慢慢地闭上你的眼睛……让你的身体更加放松……对，就是这样，慢慢地闭上你的眼睛……让你的身体更加放松……对，就是这样，好，很好……你做得非常好……请做几个深呼吸，使你的身体更加放松……好，更加放松……很好……放松……放松……当你觉得你的身体完全放松了，请慢慢地伸直你的双臂，双手掌心相对，手指张开，十指握在一起……对，就是这样……你做得很好……很好……非常好……做得很好……将注意力集中在你的指关节……你做得很好……呼吸时，请将注意力集中在你的指关节……现在，请发挥

你的想象力，想象你的双手像磁铁一样互相吸住……你的双手被越吸越紧……越吸越紧……越吸越紧……根本无法分开……想分都分不开……”

此时，引导要有力，语气要坚决，并且注意观察受催眠者的指尖是否因紧握而颜色发白。

“好……你做得很好……非常好……你的双手被越吸越紧……越吸越紧……随着你的每一次呼吸……你的双手都被越吸越紧……越吸越紧……越吸越紧……好，你做得非常好……等一下我会从1数到3，每数一个数，你都感觉到你的双手越握越紧了，当我数到3的时候，你会发现你没有任何办法让你的双手分开了。好，非常好……当我数到3的时候，你就会发现你没有任何办法让你的双手分开了……1……你的双手被越吸越紧……越吸越紧……越吸越紧……2……你的双手被完全地吸在一起……完完全全地吸在一起……3……你的双手被完全地吸在一起……完完全全地吸在一起……非常好……你试着打开你的双手，但是发现完全打不开……完全打不开了……你的双手都被牢牢地吸住了……就像磁铁一样……没有办法分开……分不开了……”

结束测试：“好，你做得非常好……现在请停止尝试……慢慢地放松你的身体……好，你做得很好……很好……现在请停止尝试……慢慢地松开你的双手，好，已经松开了……松开了……慢慢地放松你的身体……慢慢地放松你的身体……好，非常好……你可以自由地活动你的双手……对，非常好，现在慢慢地把你的双臂放下来……对，就是这样……调整你的呼吸……慢慢地放松你的身体……很好，调整你的呼吸，放松身体……你的身体感觉很舒服……很放松……好，就是这样……你的身体感觉很舒服……很放松……好，现在慢慢地睁开眼睛，完完全全地回到现实中来……慢慢地睁开眼睛，完完全全地回到现实中来……好，睁开眼睛……你已经回到了现实中……回来了……”

测试以后要注意与接受测试的受催眠者进行有效的沟通，如果受催眠者表示在测试过程中，双手被吸得很紧，无法分开，则表示受催眠者催眠敏感度很高。询问一下受催眠者对权威式的引导方式的感受，以便决定在下一步的催眠中是否采用这种引导方式。如果受催眠者中间或后来表示有不适的情况，催眠师需要做出相应地调整或改变。

身体后倒测试

身体后倒测试主要是测试受催眠者对催眠操作者（催眠师）的信任程度，因其存在着一定的危险性，所以最好由具有丰富的操作经验的催眠治疗师指导进行。同时，由于本测试在操作时会触碰对方的身体，因此一定要事先向受催眠者说明，并征求受催眠者的意见。催眠师只能在受催眠者同意的基础上才能开始进行催眠。

催眠师在操作这个测试时，要成弓箭步的姿势站在受催眠者的身后，以便在接住受催眠者时还能站得稳，确保受催眠者的安全。而且，还要有一名助手站在受催眠者的侧面，并且同样成弓箭步的姿势站立，以便随时帮助催眠师接住往后倒的受催眠者，确保受催眠者的绝对安全，也确保催眠的有效。

在进行测试之前，请受催眠者关掉手机，去掉身体上的饰品、腰带和眼镜等。找一个感觉舒服的地方，然后双脚并拢站立，脚踝固定，双臂自然地下垂，让自己放松下来，保持轻松的状态。测试步骤如下：

（1）引导受催眠者放松下来，并且慢慢地闭上眼睛。双臂自然下垂，固定不动。

（2）催眠操作者以弓箭步的姿势站在受催眠者的身后，并且把双手放在被测试者的双肩上，同时暗示受催眠者自己的后背很坚硬。

（3）引导受催眠者想象自己的全身就像一块钢板，非常坚硬。

（4）引导受催眠者想象催眠师的双手就像一块磁铁一样，会把受催眠者的身体向后吸倒，受催眠者慢慢向后倒下去。

（5）催眠师在稳稳地接住受催眠者后，将其缓缓地扶起来，并且引导受催眠者的身体感觉恢复正常，回到现实中来。

（6）结束测试，并且询问受催眠者的感受。

下面的引导示例可供大家参考：

“好……现在让我们来做一个有意思的游戏。请你做一个深呼吸……让自己的身体放松下来……好……就是这样……现在请你双脚并拢站立……双手自然下垂……对，就是这样……好……请将眼睛慢慢地闭起来……很好……当你一闭上眼睛就会感觉到更加放松……更加放松……对，就是这样……在呼吸的时候请把注意力放在你的两肩上……你很放松……很安全……你很放松……很安全……很放松……很安全……好……很好……一会儿，我会把手放在你的两肩上……当我的手接触到你的两肩时，你会感觉你的整个后背非常坚硬……像钢铁般的坚硬……你会感觉你的整个后背非常坚硬……非常坚硬……像钢铁般的坚硬……无坚不摧……你能感受到……非常坚硬……”

此时，催眠师将双手轻轻地放在受催眠者的双肩上，然后用坚定的语气继续引导：“你的整个后背很坚硬……非常坚硬……就像一块钢板般的坚硬……是的，很坚硬……非常坚硬……非常坚硬……非常坚硬……就像一块钢板般的坚硬……当我的双手离开你的肩膀时，我的双手就像是一块大磁铁，会吸着你的身体慢慢地向后倒……对，会吸引着你的身体慢慢地向后倒……放心，你会很安全……十分安全……我会稳稳地接住你……我会稳稳地接住你……你会很安全……很安全……我会稳稳地接住你……好…我的双手就像是一块大磁铁，会吸引着你的身体慢慢向后倒……对，会吸引着你的身体慢慢向后倒……向后倒……好，就是这样，继续向后倒……放心向后倒……”

这时候，只要催眠师用双手轻轻地拨一下接受测试的受催眠者的双肩，受催眠者就会向后倒去。这个时候，催眠师的双手顺势滑到受催眠者肩膀下靠近背心的地方稳稳地接住受催眠者，避免受催眠者受伤，然后再将其轻轻地扶起。催眠师此时也应该准备唤醒受催眠者，让其回到现实中来。

结束测试：“好……你做得非常好……很好……现在，请深深地呼吸，对……非常好……继续深呼吸……呼吸……好，放松你的身体……对……慢慢地放松你的身体……双臂也放松下来……全身都放松……好，继续放松……”

这个时候应注意，一定要让受催眠者的肌肉完全放松下来。

“好……你全身的肌肉都很放松……很好……很柔软……很放松……很柔软……好……非常好……你全身的肌肉都非常放松……对，就是这样……非常柔软……非常放松……非常柔软……好，非常好……现在请你慢慢睁开眼睛……完全地回到现实中来……完完全全地回到现实中来……”

因为身体后倒测试是一个互相信任的测验，所以催眠师的语气应该非常坚定。若受催眠者感觉自己的身体很僵硬，随着催眠师的引导向后倒，倾斜就会非常明显，腿部不会弯曲，表明催眠师成功使受催眠者建立对他的信任；若受催眠者没有向后倒或者虽然向后倒，腿部却弯曲了，表明不信任催眠师，担心自己的安全。催眠师应针对这点再重新暗示或引导。

催眠深度测试技术：你能进入催眠的哪种状态

眼皮沉重

催眠是催眠师与受催眠者之间相互作用、相互配合的过程。在实施催眠的过程中，催眠师要对受催眠者的催眠程度和状态进行检测，以确定受催眠者是否已经进入了催眠状态以及达到了何种催眠深度，由此决定是否继续实施催眠。这主要是通过眼皮沉重、手臂僵直、数字遗忘、痛觉丧失、无中生有、有中变无等现象来测定的。本节讲述的是眼皮沉重。在催眠前，受催眠者仍然先进入到一个安静的光线较暗的房间，然后将身体靠在沙发或躺在床上，除去饰物，让身心放松下来。

眼皮沉重是浅度催眠状态的表现，一般也可以配合深腹式呼吸疗法同时进行。其暗示语如下：

“好……现在，你会觉得随着每一次的呼吸，你进入到更深的放松状态，更深的沉重状态……彻底地放松……深深地吸气……深深地呼气……对，就是这样……你正在渐渐地放松……

深深地吸气……深深地呼气……你感到越来越放松了……你会感觉更加舒服……慢慢呼气……更加放松了……放松了……让你的头脑安静下来……非常好……现在你进入了一个身心放松的平静状态……身心放松的平静状态……你的心灵和身体将合二为一……好，继续放松……放松……

“等一下我会从10数到1，我每数一个数字，你都会感觉眼皮更加放松……当我数到1的时候，你会发现你的眼睛非常非常沉重，想睁都睁不开了……对，最后，当我数到1的时候，你会发现你的眼睛像被胶水黏住了一样，想睁都睁不开了……你什么都不必想，也什么都不想了，你只要跟着我的引导，好好做就可以了……

“现在我开始数数了，10……你的眼皮更加沉重……9……更加沉重，十分地沉重……8……7……6……5……4……3……2……现在，你的眼皮非常沉重，非常沉重，像铅一样沉重……你的眼睛想睁都睁不开了……1……你的眼睛已经睁不开了……试一试睁开眼睛，你会发现你的眼睛已经睁不开了……睁不开了……就像被胶水黏住了一样……想睁都睁不开了……”

这个时候，如果受催眠者的眼睛的确睁不开了，就可以继续进行，如果受催眠者的眼睛睁开了则表明其催眠深度还不够，催眠师可以让受催眠者闭上眼睛，继续深化受催眠者的催眠状态，直到受催眠者进入状态为止。

“好……你做得很好，当你一会儿从催眠中醒来时，你的眼睛可以自由地睁开，非常轻松……睁开眼睛后，一切恢复正常……现在我们继续进行……”

此时，可以继续深化受催眠者的催眠状态，进行二级催眠深度测试。

手臂僵直

进入到第二级催眠深度后，受催眠者会出现较大范围的肌肉控制现象。例如，如果催眠师暗示受催眠者的手臂越来越僵硬时，受催眠者会感觉到自己的胳膊似乎是“僵直”的。所以第二级催眠状态称为“手臂僵直”。

以下引导示例可供大家参考：

“好……现在我会开始数数，对，我每数一个数字，你都会更加放松……更加放松……现在，我会由10数到1，每数一个数你都会更加放松……更加放松……当我数到1的时候……你会进入更深的放松状态……10……你现在更加松放了……9……你会感觉更加舒服……全身放松了……放松了……8……现在，你更加平静了……更加放松了……7……慢慢地吸气……更加舒服……慢慢地呼气……现在，你更加放松了……你感觉很平静，很放松……6……更加舒服……慢慢地呼气……越来越放松了……放松了……5……好，你做得很好……慢慢地吸气……深深地呼气……更加放松了……彻底地放松了……4……好，你做得很好……每一次的呼吸都会使你更加放松……放松……3……好，就是这样……现在，你很放松……很舒服……2……现在，你越来越放松……越来越舒服……1……你进入了前所未有的放松状态……完完全全的放松状态……你感觉到非常轻松，非常舒适……全身放松，再放松……渐渐地，你感到整个人很温暖，全身上下也有一股暖流在奔涌……

“好，现在你会感觉到你的右手臂越来越僵硬，越来越沉重，一会儿我会从3数到1，当我数到1的时候，你会发现你的右手臂想举也举不起来了，你会发现你的右手臂想举也举不起来了……是的，当我数到1的时候你会发现你的右手臂想举也举不起来了，你会发现你的右手臂真的想举也举不起来了……3……你的右手臂变得越来越僵硬，越来越沉重……2……你的右手臂变得越来越僵硬，非常僵硬，越来越沉重……越来越沉重……1……试着举一下你的右手臂，你会发现你的右手臂怎么也举不起来了……好的，左手臂现在也感到了沉重……左手臂的沉重感越来越大，越来越强烈……好像一根铁棒那么坚硬，完全不能弯曲，一点也不能弯曲，愈是努力想弯曲自己的手臂，左手臂反倒显得愈坚挺……好的，你现在可以试试看，试着举起这双手臂……使劲，再使劲……”

这个时候，如果受催眠者的手臂没有抬起，证明受催眠者进入了第二级催眠深度，就可以继续进行下面的操作，但是需要注意，千万不要忘记解除指令：“好……非常好，现在你的手臂越来越放松，越来越舒服……好……对，就是这样……你的手臂越来越放松，越来越舒服……你的手臂可以自由活动……你的手臂可以自由活动了……自由活动……非常放松，非常舒服……”如果诱导后仍未进入这一层的催眠状态，催眠师也不必心急，再一步一步地反复进行暗示，最终就可以将受催眠者诱入理想的催眠状态。

然后，可以继续深化受催眠者的催眠状态，进行第三级催眠深度测试。

数字遗忘

进入第三级催眠深度的受催眠者可能会在催眠治疗师的引导

下出现记忆增强或者减弱的现象，受催眠者可以在催眠师的引导下遗忘某个数字，所以第三级催眠深度又叫作“数字遗忘”。

下面的引导示例可供大家参考：

“好……你做得很好……现在，让我来引导你进入更深的催眠状态……现在你调整你的呼吸……深呼吸……深深地吸气……慢慢地呼气……深深地吸气……慢慢地呼气……这样，你每一次吸气时都会更加舒服……好，非常好……在呼气时更加放松……好……你做得很好……现在你进入了更深的催眠状态……现在你处在更深的催眠状态……你可以开口说话，但是依然处于更深的催眠状态……对，就是这样……下面我请你开始数数，我会请你从1数到10，你每数一个数字，我都会说放松，那么你就会感到越来越放松……好，现在请你数吧……1……放松……2……放松……3……放松……4……放松……5……放松……6……放松……7……放松……8……放松……9……放松……10……放松……好……现在你进入了更深的催眠状态……

“接下来我会请你从1数到10，但是我已经拿掉了数字5，所以你唯一的数法是1、2、3、4、6、7、8、9、10……好……现在请你开始数吧……只有9个数字，数字里面没有5……”

接受测试的受催眠者：“1、2、3、4、6、7、8、9、10……”

如果受催眠者在从1数到10的时候，按催眠治疗师的引导，忘记了要去掉“5”这个被催眠师拿掉的数字，则马上给予解除指令，继续进行下面的操作。如果受催眠者催眠结束以后还是去掉“5”这个数字，催眠师就应该帮助恢复记忆，以免造成受催眠者的恐慌。受催眠者按照指令念出来后，催眠师可以继续进行深化，进入下一级催眠状态。

催眠师："1、2、3、4、5、6、7、8、9、10……好，你做得很好，非常好……现在你可以顺利地从1数到10，不会遗忘任何数字……你的数法是1、2、3、4、5、6、7、8、9、10……好……很好……现在请你开始数吧……按照顺序慢慢来数，从1开始，逐渐到10，好的，开始……"

受催眠者："1、2、3、4、5、6、7、8、9、10……"

催眠师："好……很好，请你再数一次，现在你可以顺利地从1数到10，不会遗忘任何数字……依然是1、2、3、4、5、6、7、8、9、10……很好……慢慢数，不着急……"

受催眠者："1、2、3、4、5、6、7、8、9、10……"

催眠师："好，你做得很好……现在我们来进入更深的催眠状态……你不会听到任何不相干的声音，你只能听到我的声音……"

这样，催眠师就可以继续深化受催眠者的催眠状态，引导其进入第四级催眠状态。

痛觉丧失

进入第四级催眠状态的受催眠者会出现明显的痛觉阻断、丧失现象，因此，第四级催眠状态也可以叫作"痛觉丧失"。

以下引导示例，可供大家参考：

"好，现在调整呼吸……你的呼吸越来越均匀……越来越顺畅……你的心情越来越平静……越来越轻松……随着你的每一次呼吸，你感到更加放松……很好……吸气……呼气……更加放松了……对，就是这样……吸气……你会感觉更加舒服……慢慢地吸气……慢慢地呼气……更加放松了……完全地放松了……好，现在你的身心都已进入到最深的放松状态……非常好……进入到最深的放松状态……现在请你继续把注意力集中在你的呼吸上……把注意力集中在你的呼吸上……请充分发挥你的想象力，想象我正在给你的右侧手臂注射一种麻醉剂……请想象我正在给你的右侧手臂注射一种麻醉剂……这是一种有着极强效果的麻醉剂……你的右侧手臂渐渐失去了感觉……渐渐失去了感觉……你可以尝试着敲打一下……不会有痛感了……不痛了……没有知觉了……

“下面我会从5数到1……当我数到1的时候你的右侧手臂会完完全全地失去感觉……5……放松……你的右侧手臂在渐渐地失去感觉……4……放松……渐渐失去了感觉……3……放松……当我数到1的时候，你的右侧手臂会完全地失去感觉……2……放松……你的右侧手臂会慢慢地失去知觉……慢慢地失去感觉……1……放松……你的右侧手臂完全地失去感觉……完全地失去感觉了……不要担心，一会儿就会恢复正常的……好，继续放松……放松……”

这时，催眠师可以一面继续引导，一面用手指轻轻地捏几下受催眠者的右侧手臂，然后问一问受催眠者有什么感觉。如果受催眠者回答没有感觉，则表示测试成功，可以继续进行下一级测试；如果有感觉，催眠师需要解除指令后重新进行引导，直到成功为止。这里要特别注意，无论测试是否通过，都不要忘记按照下面的方法解除指令，让受催眠者的感觉完全恢复正常：“好，很好，下面我会从1数到5，当我数到5的时候，你依然在催眠状态中，但是你的右侧手臂的感觉会完完全全地恢复正常……对，很好……1……你的右侧手臂在渐渐恢复感觉……恢复感觉……

2……对，就是这样……你的右侧臂正在渐渐恢复感觉……恢复感觉……当我数到5的时候……你右侧臂的感觉会完全地恢复正常……3……很好……你的右侧手臂在渐渐恢复感觉……当我数到5的时候……你右侧手臂的感觉会完全地恢复正常……4……你感觉到你的右侧手臂正在恢复正常……5……你依然在催眠状态中……你的右侧手臂的感觉完全地恢复正常了……完全地恢复正常了……你可以自由活动一下……活动一下……感觉非常轻松……非常舒适……”

这时，催眠师可以一面继续引导，一面用手指轻轻地捏一捏受催眠者的右侧手臂，然后问问受催眠者有什么感觉。当确认受催眠者的感觉恢复正常以后，就可以继续引导，进行第五级的催眠深度测试。这里要注意的是，在心理治疗时，并不需要把受催眠者催眠到深度催眠状态，一般到达浅度催眠状态是最合适的。

无中生有

进入到第五级的催眠状态时，受催眠者的意识会变得非常模糊，会有类似幻觉的现象产生，当催眠师暗示受催眠者可以看到一些房间里并不存在的东西时，受催眠者睁开眼睛会真的觉得自己看到了这些东西。人们把这一级催眠状态称为“无中生有”，或者“正性幻觉”。如在此刻，暗示受催眠者有特异功能，能看见平时普通人看不见的人的身上发出的光芒，此时受催眠者是可以看见的。

下面的引导示例，可供大家参考：

“好，现在你会进入更深的催眠状态……对，进入更深的催眠状态……你会感觉到你的身体更加放松……更加舒服……很好……现在发挥你的想象力，想象你前方的墙壁上挂着一个时钟……想象你前方的墙壁上挂着一个时钟……对，就是这样……下面我会开始数数，我会从3数到1，当我数到1的时候，你慢慢睁开眼睛，看到对面墙上的时钟……当我数到1的时候，你就会睁开眼睛，看到对面墙上的时钟，但是依然在最深的催眠状态中……3……你会看到对面墙上的时钟……2……你依然在最深的催眠状态中，你会看到对面墙上的时钟……1……好，非常好……睁开眼睛，看一看对面墙上的时钟……不用去记时针走向……看看时钟大概的方位就可以了……继续看看时钟……”

这时，催眠师可以给受催眠者一些反应的时间，让受催眠者告诉催眠治疗师自己所看到的是什么样的时钟，如果受催眠者描述出了所看到的时钟，则表明测试通过了，可以继续深化受催眠者的催眠状态，进行下一级的测试。如果受催眠者什么都没有看到，也描述不出时钟的样子，那么催眠师需要耐心地再引导几遍，直到看到为止，才能继续进行接下来的测试。

“好……非常好……现在慢慢地闭上你的眼睛，你依然在很深的催眠状态中……下面我会开始数数，我会从1数到3，当我数到3的时候，你就会睁开眼睛，你会发现眼前的时钟完全消失了……完全消失了……1……2……3……你眼前的时钟完全消失了……完全消失了……你怎么看也看不见了……看不见了……对面墙上空无一物……什么都没有了……没有了……好，闭上眼睛……下面你会进入最深的催眠状态……”

有中变无

当受催眠者进入到第六级的催眠状态时，会在催眠治疗师的引导下看不到房间中实际存在的物品，也可能会听不见实际存在的声音。所以人们把这一级催眠状态称为“有中变无”，或者“负性幻觉”。一般只有少数人能达到这一级别。

下面的引导示例可供大家参考：

“好……现在你会进入最深的催眠状态……最深的催眠状态……现在，你的身心无比舒服……无比放松……对，就是这样……你进入了前所未有的放松状态……你的身心无比舒服……无比放松……你进入了前所未有的放松状态……非常好……下面，你会感觉到随着你每一次的呼吸，你的身体在不断地向下沉……向下沉……你感到无比舒服……无比放松……一会儿，我会从3数到1，当我数到1的时候我会请你睁开眼睛……你会睁开眼睛，但是依然在最深的催眠状态中……你会睁开眼睛……但是依然在最深的催眠状态中……一会儿我会从3数到1，当我数到1的时候，我会请你睁开眼睛……你会发现你面前的桌子是空的，你会发现你面前的桌子上原本摆放的水果没有了……你会发现你面前的桌子是空的……你会发现你面前的桌子上原本摆放的水果消失了……3……无比舒服……无比放松……2……你会发现你面前的桌子是空的了……1……好了，睁开眼睛，看一看对面的空桌子……看一看对面的空桌子……什么都没有了……没有了……桌子上空无一物……你仔细找找看，真的什么都没有了……”

这时，催眠师可以问一问受催眠者看到了什么，如果受催眠者真的感觉没有看到催眠师所暗示的消失的东西，则表示测试通过了；如果受催眠者看到了催眠师暗示消失了的东西，则表示测试没有通过，需要催眠师重新引导。

“好，慢慢地闭上眼睛，你依然在最深的催眠状态……依然在最深的催眠状态……对，就是这样……下面我会开始数数，我会从1数到3，当我数到3的时候，请你睁开眼睛……你会发现你面前桌子上的水果依然在那里……当我数到3的时候请你睁开眼睛……你会发现你面前桌子上的水果依然在那里……1……2……3……非常好……请你睁开眼睛……你会发现你面前桌子上的水果依然在那里……好，你已经看到了桌子上的水果，你感到非常的轻松和愉快……”

这里要注意，测试全部结束时，在唤醒受催眠者之前，要记得再一次告诉受催眠者他的感觉已经全部恢复正常了，以免受催眠者以为自己出现幻觉，影响正常的生活。

“好……你做得很好……你很棒……现在全部感觉都恢复正常了……全部感觉都恢复正常了……非常好……一会儿，我会从1数到5，当我数到5的时候，你就会睁开眼睛，完全地清醒过来……1……对，就是这样……你渐渐地清醒了……渐渐地清醒了……2……很好……在下一次的催眠中你会进入更深的催眠状态……更深的催眠状态……3……越来越清醒了……越来越清醒了……回到现实中来……回到现实中来……全部感觉都恢复正常了……4……很好……你越来越清醒了……动一动你的手指试一下……全部感觉都恢复正常了……5……对，就是这样……你完全地清醒了……完完全全地清醒了……现在慢慢地睁开你的眼睛，回到现实中来……完完全全地回到现实中来……全部感觉都恢复正常了……好……很好……你做得很好……慢慢地舒展一下你的身体……你做得很棒……好，睁开眼睛……你可以简单地活动一下……”

通过上述方法，催眠治疗师可以了解受催眠者进入催眠状态的程度，并可以依此来决定是继续深化催眠状态还是直接予以受催眠者所需要的治疗。沉浸在深度催眠状态的受催眠者，催眠结束时很可能无法记得催眠过程中发生的事情。催眠舞台秀也是刻意将参与者催眠到深度状态，然后配合表演，最后达到完全被摆布的舞台效果。这里需要提醒大家，一般来说，只要达到一、二级的浅度催眠状态，就可以达到本书中所介绍的放松和缓解压力的效果了。但是其他疾病，应当视具体情况来确定需要达到何种程度的催眠状态来进行治疗。

第五章

催眠前的准备，影响催眠的成败

一个催眠师要具备的四大条件

谁都可以成为催眠师吗？成为催眠师需要怎样的条件呢？催眠师应当具备哪些素质呢？这些都是人们常常问到的问题。的确，催眠施术活动能否取得成功，在催眠中能否产生良好的“催眠效果”，关键在于催眠师的素质和催眠技术的高低。除了这些条件，催眠师的性格、形象、表情、声音等方面也很重要。

其实，谁都可以成为催眠师，不过能不能成为一名合格的催眠师，关键就在个人了。但是如果具备了下列条件，将更有利于成为一名优秀的催眠师。

1. 拥有自信的性格

有的人对于自己所要讲的话始终抱着十分的信心，即使在道理上多少有些靠不住，有时还显得有些牵强附会，但是他们也会尽力使别人去相信自己的话，有时候他们武断的措辞会使人产生强加于人的感觉。这种类型的人，可以被认为是过分自信型，在实施催眠术时，他们往往能够以居高临下的姿态对被催眠者进行有说服力的诱导暗示，这是一种非常有利于实施催眠的天资。必须要明白的是，没有自信的语言表达会使对方产生不信任以及疑念，甚至会成为影响对方放心进入催眠状态的障碍。所以，催眠师的自信也成为引导受催眠者进入催眠状态的重要因素之一。

2. 形象要良好，身体健康

催眠师的形象是相当重要的，因为只有给人一种形象良好、身体健康、积极向上的感觉才能让受催眠者更加信任，所以催眠师本身一定要注意自己的形象和身体健康问题，应该做到衣着整洁、仪容端庄。另外，在催眠术的施术过程中，催眠师需要长久地付出身心上的努力，所以一定要有健康的身体才能胜任催眠师的工作。为了保护受催眠者的安全，催眠师也不能具有传染病。原因是大多数的催眠活动都需要催眠师与受催眠者之间进行长时间地近距离接触，在进行心理交流的同时有时需要必要的肢体交流，如果催眠师不注意这一点，因自身的疾病影响了受催眠者，导致受催眠者的健康状况出现了问题，那么后果将不堪设想。

3. 相貌和表情温和，具有人情味

令人产生畏惧感、威压感的相貌和表情，往往会使被催眠者产生警戒心和自卫心理，致使对方畏缩在自己的小圈子中难以进入催眠状态。畏缩在自己的圈子中，说明他抱有猜疑心以及戒备心，并处在以强烈的自我意识加强防卫的状态。那么，在这种状态下，进行催眠暗示几乎是毫无效果的。因此，表情生硬的人和表情严厉甚至凶恶的人应该尽量做出温和的表情。要知道，人的相貌虽然不能改变，但是表情是可以改变的。毕竟一个面带微笑的人和一个面无表情的人相比，人们比较愿意接受看起来较和善的那一位。

因此可以说，相貌和表情温和、具有凝聚力、使人感受到富

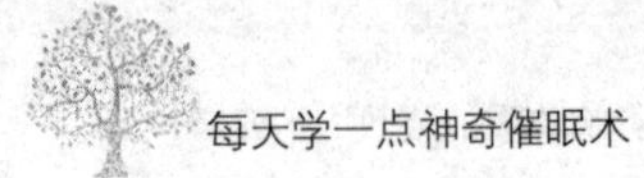

有人情味的人，已经具备了首要的有利条件，同时也为接下来顺利进行催眠暗示起到了很好的铺垫作用。

4. 声音为低音质且具有浑厚感

大部分学者认为，低音质而有浑厚感的声音有助于进行催眠暗示。就像一个富有磁性声音的男人，能给女人一种成熟稳重的安全感一样。不过，话虽这么说，但这并非决定性的因素。总之是比较而言的，有的人虽然音质相当高亢，但是作为催眠师，并不能说一定就比以低音闻名的人差。

适合被催眠的七大条件

所有的人都能接受催眠吗？上面我们曾经简单提到过，只要一个人是正常的，就能够被催眠，而关键在于催眠时间的长短有不同，加之催眠敏感度的不同，也就使得接受催眠术的人所取得的效果是不同的。所以，问题的关键就在于，只要你是正常的，你就可以被催眠，但是能否取得良好的催眠效果，达到最佳的治疗状态，则取决于受催眠者是否符合以下的几个条件。

1. 精神状态

如果一个人精神状态比较好的话，会有利于沟通与交流；而注意力难以集中或是有明显精神病态的人被催眠所花费的时间要长一些，在催眠过程中有意识障碍的人，被催眠的难度则更大一些，花费的时间也要更长一些，对催眠师耐心的考验也会更大一些。

2. 催眠敏感度

我们在上面曾经简单提到过催眠敏感度、催眠易感性的概念，它们都是指一个人进入催眠状态的难易程度，而催眠敏感度是较为常用的称呼。催眠敏感度测试包括雪佛氏钟摆测试、手臂升降测试、双手紧握测试、身体后倒测试、柠檬（苹果）观想测试等；催眠易感性测试主要是卡特尔的16种人格因素测验，这些测试能促使人们了解人格并使其系统全面发展，这将在本书的最后一篇做详细讲述。

催眠敏感度决定着受催眠者的被催眠能力以及获得某种深度的催眠状态的能力。实验证明，催眠敏感度过低者不适宜接受催眠术，催眠效果不明显。催眠敏感度越高的人越能快速地进入催眠状态，那些感受性偏低的人必须要进行反复、长时间的诱导暗示才能进入催眠状态，这同时也考验着催眠师本人的耐心与专业素养。

3. 年龄要求

通常情况下，年龄越大，就越不容易进入催眠状态。在伦敦进行的一项相关的调查发现，7～14岁的儿童催眠敏感度比较高，在这一年龄段中，他们的催眠敏感度常随着年龄的增长而提高，然后保持在这个水平上。如果是40岁以上的人，那么，催眠敏感度就比较低，年龄越往后就越难进入较深的催眠状态。此外，人的心理在整个生命过程中会发生变化。因此，催眠敏感度的变化也可能受到心理变化的影响。如果受催眠者心理上十分信任催眠师，他就会无条件地接受催眠师的任何指令，这样的人，也较容易进入理想的催眠状态。

4. 性别

相对而言，女性往往比较感性，男性则比较理性，所以女性的催眠敏感度要普遍高于男性。女性在性格特征方面也是比较突

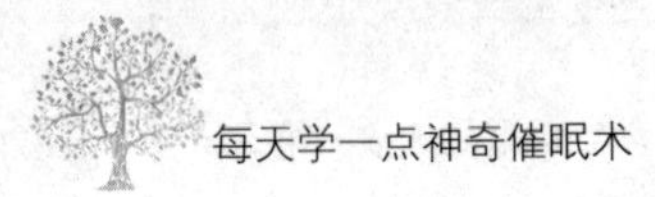

出的，所以进入催眠状态也就比较快。

5. 心理因素

催眠师应该注意在对被催眠者暗示之前应充分了解他们的心理状态。有一些心理疾病患者是不适合被催眠的。例如，严重的偏执狂患者、精神分裂症患者、抑郁症患者、脑器质性精神疾病伴有意识障碍的患者、其他重度精神病患者，以及对于催眠有严重恐惧心理的患者等，这些患者在催眠状态下会促发病情恶化或诱发幻觉妄想，有的还会引发思维混乱，如果强制进行治疗的话，就有可能会加重症状。所以，一定要注意受催眠者的心理因素，在催眠前一定要对患者进行详细的了解与观察，一旦发现问题就应该立刻停止治疗。

6. 智商要求

催眠术是以心理暗示为基础的，在这个基础上就要求受催眠者一定要能听懂暗示。如果受催眠者的智力发展比较迟钝，那就难以理解、领会、遵循催眠师的要求，因而无法接受暗示。通常来讲，智商低于20的低能者是无法理解催眠暗示语的，所以也就不适合接受催眠方面的治疗。

7. 生理健康

催眠术的实施对人的生理健康也有一定的要求，患有重度感冒，或发高烧，或腹泻，或瘙痒性皮肤病的患者以及患有呼吸系统疾病、心血管疾病（如冠心病、心力衰竭、脑动脉硬化等）的患者是不适宜接受催眠术的，这些患有严重生理疾病的患者，通常注意力不能集中或者精力不够，不适宜接受催眠术。这必须引起我们的高度重视。

被催眠的条件都是相对的，并非绝对。催眠敏感度也是一种比较复杂的现象，它与遗传基因的关系不可能太大。就催眠师与受催眠者的关系方面来讲，如果催眠师与受催眠者之间的关系越好，那么受催眠者也就越容易被催眠；如果某人要求被催眠的动机比较强烈，而且态度非常积极，那么也就更易于被催眠。要使被催眠者进入具有高度受暗示性的催眠状态，需要催眠师有极大的耐心和坚强的意志，以此促成被催眠者受暗示性程度的增加，从而突破一些常规的约束，并成功达到暗示催眠的效果。

催眠的地点有讲究

催眠的过程中需要专门的房间，如果有设备齐全的催眠室，当然最好不过，但是一般情况下，这样的条件是不太可能达到的。那么，就需要尽量利用普通的房间，开辟出一个类似于专门催眠室的房间来进行催眠。

1. 实施催眠术需要专门的房间

下面就告诉大家怎样尽量地利用普通的房屋达到和催眠室一样的效果。

（1）房屋的大小。房间太大了，会使人有精神散漫和空虚的感觉，容易使人分散注意力，而如果太小的话，则又容易使被催眠者产生一种压迫感。所以，一般10平方米左右的房间是最为合适的，被催眠者身在其中也不会感到特别的不适应。

（2）室温。室温不宜过冷或过热，一般保持在常温就可以了，温度主要让被催眠者感觉舒适为最佳。

（3）室内照明。如果有强烈的阳光射入室内，或者有故障

的灯管一闪一灭，这都是不合适的，这样会给被催眠者造成恐惧感。另外，直接照明也不好，会过于刺激被催眠者的眼睛，使其不能集中注意力，所以以柔和的灯光间接照明是最合适的。

按照上述要求，简单地制造这样的灯光比较好：首先挂上窗帘，防止阳光的直射，让灯光照在白色的墙壁或窗帘上，选择间接照明效果最好，不要让灯光直接打在被催眠者身上。对于10平方米的房屋使用40W的灯就足够了。如果被催眠者有特殊要求，也可以适当进行调整。

（4）声音、气味等。要避免人群的喧闹声、楼道走步声、水管流水声，不要让噪音进入房间，打扰催眠进程。最好用较厚一些的窗帘。除此之外，还要避免电视、空调、电扇、换气扇等家用电器的声音打扰，要让被催眠者集中注意力，在一个安静的环境下进行催眠治疗。

关于气味，要避免放置有臭味或异味的东西，木材味、涂料味比较强的房屋尽量不要使用，以免损害被催眠者的身体健康。

关于椅子，要尽量让被催眠者坐着舒适些，还要尽量避免金属椅子，因为金属椅子会发出声响，所以不适用。

另外，应注意尽量避免电风扇的风直接刺激到人的身体，以免引起感冒。

总而言之，就是要为被催眠者创造出一个尽量减少各种刺激的感觉舒适的环境。

2. 完备的催眠室需要专业的设计

一个完备的催眠室需要非常专业的设计，必须注意以下几个方面。

（1）防音。如果吸音太强，暗示的意图就难以转达，恐怖感会增强。与之相反，音响效果太高，则不易冷静下来。音响效果最好是不完全的吸音装置，完全的防音（无音）会导致没有回音，使人感到异样，反而产生不好的影响。室内的允许值是NC-25（同电视演播室）。根据周围的环境NC-30也可以（如电影院、医院等）。总之，把室内音量控制到被催眠者可以承受并觉得合适的程度就可以了。

墙壁混凝土200毫米厚，然后是纤维板，在其中加入玻璃棉等吸音材料，适当地使用有孔板比较好。有条件的话，催眠的房间尽量选择平开窗，而不是推拉窗。对于已经采用推拉窗的房间，只能根据噪音的来源选择开窗户的方向，以最大限度减少噪音。催眠室内还需要有专门的背景音乐。其实，关于催眠室的设计，防音这个问题是最难的，有必要请具备专业知识、有经验的人加以指导。

（2）照明。采用间接照明的方法，具有色彩照明的效果，还要安装调节这些照明设施亮度的装置。

（3）空调。要保持一定的温度、湿度和适宜的空气流通。另外，要注意避免空调的噪音。

（4）测定器。在预备室内装有测定器，能够根据需要进行测定、录音。

（5）通向预备室的完备的传导设备。单面反光玻璃（镜）；心电图、脑电图、测谎仪，以及其他的电子技术测定装置的传导电缆；监听声音或录音等用的配线。

（6）室内的装饰、设备。家具要单一，墙壁、地板、天花板的色彩要和谐，具有协调性。

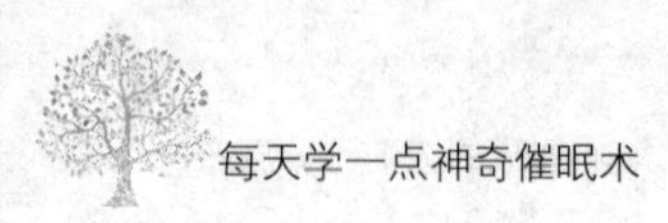

催眠时需要采取特定的坐姿

进行催眠时，需要采取特定的坐姿，这里所讲的特定坐姿并不只是固定一个位置就让受催眠者坐下来，也要讲究一定的注意事项，包括在后倒等催眠过程中让其能够站着，从而确定位置。保持正确的坐姿，在催眠过程中起着举足轻重的作用，因为随着催眠的不断发展与深入，姿势也成为越来越重要的环节，所以绝不能忽视。

首先，要让受催眠者尽量身心放松地坐着。比如，注意不要让受催眠者的胳膊、腿脚等发麻。尽量减少对受催眠者心理和生理上的刺激，不要让受催眠者感觉很别扭或者不舒适，此时也要尽量避免选择那些长时间坐着会使人腰痛的硬椅子。

其次，要注意参考受催眠者个人日常生活的习惯坐姿来安排。比如说，中年女性多数认为静坐在椅子上会比较舒适，而有一些中年男性平时则喜欢微微打开双腿，整个臀部坐在椅子上。因此，催眠师应注意在此基础上委婉地询问一下受催眠者的一些习惯，然后采取适当的坐法，为下阶段的催眠做准备。

再次，安抚受催眠者的情绪，特别是第一次接受催眠治疗的人。他们由于不安、紧张和恐惧等情绪，往往会变得非常拘谨，身体也会随之变得非常生硬。肩膀、手臂、手腕、两腿、两足等，全身都绷着劲儿，非常生硬，表情也极不自然，这种坐法是不正确的，催眠师需要逐步进行安抚、调节。如果受催眠者觉得难受，那么接下来很难进入较好的催眠状态。

最后，按照这样的顺序来进行：催眠者站在受催眠者的正侧面，然后先让受催眠者站起来，再让其坐下去。这样一站一坐，受催眠者的背部有一个悬空的过程，一般就能够使其放松了。如果这样做没有效果的话，那么催眠师最好对受催眠者进行全身抚摸，使其能够真正放松。只有受催眠者全身心地放松后才能起到缓解疲劳、紧张、压力、烦恼等作用。

例如，如果需要“两肩放松”，催眠师应当边说边用两手轻轻地搭在受催眠者的肩上。接着，从肩部开始，按照由肘部到手的顺序轻轻地往下抚摸。抚摸的过程中，注意力度的同时，还要边抚摸边进行观察——观察受催眠者的放松程度，如果一两次没有效果，就要反复多次进行。为了确定受催眠者是否能够做到放松，催眠师需要进行简单的试验。其方法是：催眠师一边暗示“把你的十个手指放松，让它们处于很舒适的状态”，一边拿起受催眠者的两手，轻轻地上抬之后再放开。这时，受催眠者被上抬的手如果是“啪”地一下自然落下的话，那就说明已经很放松了。如果手还是那样抬着或者慢慢地落下来，那就说明受催眠者的放松程度没有达到要求，这时还必须对患者反复进行3～4次的抚摸，使其自然放松。接下来，催眠师开始让受催眠者的手轻轻地接触膝部，一边说：“你让身体两边的膝部放松，让它们感到非常舒适。”一边进行轻轻地抚摸。抚摸结束以后，催眠者应当把受催眠者的脚稍微往自己身边拉一点，拉回到正确的位置上来。我们熟悉的放松练习有呼吸放松法、肌肉放松法等。其实，这些放松练习也是暗示催眠的开始，通过放松受催眠者才能更好地进入良好的催眠状态中。

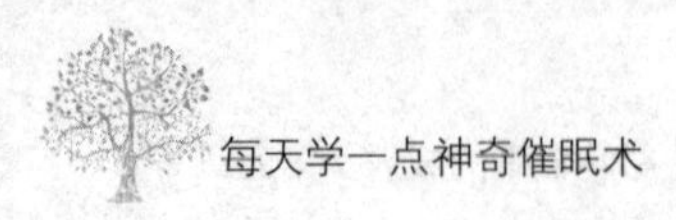

催眠暗示语也是一门艺术

催眠语，是指催眠师在诱导受催眠者进入催眠状态时对受催眠者所讲的一些暗示性的话语。有人曾极端地说，催眠术的奥秘无非就是催眠暗示语的使用法。这个说法虽然似乎有些过，但是在大多数情况下，语言是催眠师实施催眠、使受催眠者接受催眠暗示的主要媒介，催眠语在催眠过程中有着举足轻重的作用。催眠语也是一门语言艺术，除了要注意轻重缓急，还有其他的一些具体要求，这需要催眠师们不断地加强练习，直到熟能生巧为止。

1. 语调要抑扬顿挫，节奏要有缓急强弱

对于催眠语的使用，绝不是像念新闻稿那样，只要念准确、流畅就行，也不能像有些学生背诵课文一样死死地记住就可以万事大吉。它有点像表演艺术家的工作，其实施过程可以称得上是在演出一场非常精彩的话剧：首先将人物推上一个空白的舞台，以最初的情况设定并构成剧目，一边推敲着剧情一边完成剧本。决定该剧目成功与否的关键，就是有没有具体的说话方法及方式，也就是催眠师语调的抑扬顿挫，语言缓急强弱的节奏。此外，没有任何有助于剧情进展以及烘托剧目效果的方法。所以说，催眠语在一定程度上也考验着催眠师语言功底与说话水平。

2. 不要使用命令语气

催眠语的语气大体上可以分为权威语气和教诲语气两种。权威语气——预言性地指示动作的方法，例如“你就这样倒向后方”；教诲语气——暗示可能性的温和说法，例如“你可以那样倒向后方”。相反，“快倒向后方！”这样的命令语气，会让受催眠者对催眠以及催眠师丧失信任。因此，催眠语是严禁命令语气的，这一点，催眠师们需要谨记。

3. 不使用疑问等不确定的语式

像“你能做吗”“做一个来试试看”等这样不确定的说法，有时会使受催眠者产生犹豫或者表示出毫无理由的拒绝态度，以致阻碍催眠的继续。因此，催眠语的内容一定是要把状况具体化并且带有明确的结论性，例如“你就这样站立起来”“你的手臂已经不能弯曲”。这种语句能让受催眠者明白知道自己接下来该怎么做，不至于迷茫。

4. 将来式比现在进行式更容易产生作用

“现在，你做……”这样的说法，不如采用像“下面，我拍一下手，你将……”的催眠语。因为后一种具有给予喘息之机的语感的将来式催眠语比现在进行式更容易产生作用，更容易促使受催眠者采取行动。千万不可急躁，急于求成，否则就会使催眠效果大打折扣。

5. 注意拟造具体的形象

比如，在进行催眠美容时，如果采用“你的腰部渐渐地收紧、变细”这种说法，则不如采用“就像×××的腰那样渐渐地收紧、变细”的说法——这样的说法能使受催眠者更容易从暗示中浮想起具体的形象，从而有参考和比较的对象，有利于提高受催眠者的催眠效果。

6. 重复暗示，反复会取得效果

就像领着小宝宝学走路、学说话一样，在催眠状态浅的情况下，重复暗示的效果更大。反复暗示一个相同的动作，向表面意识的传达与向无意识的暗示传达，存在着相当的“时差”。要用实际的感觉抓住这种差别，在注意反复效果的前提下使用催眠语，这样可以更好地加深催眠语在被催眠者心中的印象。

7. 注意不要前后矛盾

在进行催眠暗示时，一定要思路清晰，不要前后矛盾，发生抵触，否则就会混淆受催眠者的感受性，造成受催眠者的混乱。

以下是诱导受催眠者入睡的催眠语示例：

“现在请把眼睛闭起来。希望你能认真、耐心地听我说话，内心要保持清静。来，先放轻松……你的眼睛要闭起来……眼睛闭起来……希望你觉得很轻松、很舒适，心里什么杂事都不要想，除了我的话，什么都别想……什么都别想……眼睛闭起来！舒舒服服地闭着眼睛，保持内心清静，除了我的话以外，什么都别想……你的心已经慢慢宁静了……宁静了……一切都安静下来……你整个人现在非常舒适……很舒适……

“你觉得双臂很重吧……你觉得双脚很重吧……来，放松你的双臂，放松你的双脚，放松，放松……全身放松……放松两腿的肌肉，放松手臂的肌肉，放松全身……你觉得更加放松，更加舒适……你更加放松……更加舒适……你现在可以感觉到你的肌肉放松了，放松了，彻底地放松了……接下来感觉很轻松……很轻松……整个人从头到脚已经完完全全地放松了，放松了……

“你现在只能听到我的声音，只听到我的声音……只听到我的声音……只听到我的声音，除了我的声音，你什么也听不到，你现在内心很清静，很清静……全神贯注，只听到我的声音。现在你会觉得很放松，很舒适，全身都很放松……全身都很放松，你开始想睡了……全身都很放松，你开始想睡了……很想睡了……非常想睡……你的内心很清静……只听到我的声音……你觉得全身放松，全身舒适。有规律地深呼吸……有规律地深呼吸……深深地呼吸……深深地呼吸……放松全身……放松每一个细胞……只听见我的声音，保持内心平静。你已经开始入睡，开始入睡……保持内心的清静……你已经入睡……你已经入睡……你已经睡着了……已经睡着了……你已经深深地睡着了。深深地睡着了……舒舒服服地睡吧……深深地、舒舒服服地睡吧……你睡得更深，更舒适……你睡得更深，更舒适，更深，更舒适，更深，更舒适……你深深地睡着，舒舒服服地睡着……保持内心的清静，你睡得更深，更舒适……你睡得更深，更舒适。深深地、舒舒服服地睡着……睡着……睡着……你尽情地睡吧，我过半个小时后再来和你聊，放心，在此期间不会有任何人来打扰你，你尽管放心地入睡……”

催眠师必须要做的准备工作

如果要顺利地施行催眠术，并收到预期的良好效果，那么，在实施催眠之前应当做好充分的准备工作。准备得是否充分，对于催眠师和受催眠者来说都很重要。催眠师在实施催眠之前应当对受催眠者做全面、详细的调查、交流和沟通，不论受催眠者是自愿还是被动地接受催眠治疗，催眠师都要根据其文化程度、社会背景、身体状况、心理素质、催眠敏感度的高低以及接受催眠术的动机、目的等，来实施催眠前的心理准备工作，确定相应的治疗方案，这是作为一名合格的催眠师所必备的专业常识。

一般来讲，实施催眠前，催眠师需要做以下准备工作。

第一，催眠师应当了解受催眠者接受催眠术的动机、目的、迫切性，以及受催眠者对于催眠术的认识程度。这样就可以根据受催眠者个人自身的具体情况来制订具体的方案。另外，还要了解受催眠者的个性特征以及他对于自己的心理障碍所了解的程度，然后经过催眠敏感度测试来确定具体的催眠实施方案。不同的人有着不同的情况，不同的疾病有着不同的治疗方法，而且病情的不同阶段也有着不同的催眠方法，所以催眠语和治疗方案的制订，不能墨守成规、千篇一律，要做到适时而变，根据受催眠者的具体情况来对治疗方案做出相应的调整。

第二，实施催眠之前，催眠师应当根据受催眠者的文化程度、社会背景，向其介绍关于催眠术的一般知识，消除其对接受催眠治疗的疑惑、忧虑以及对催眠的误解，使受催眠者能够理解催眠的真正定义，以及明白催眠师的努力是要设法帮助自己从长期的病痛折磨中摆脱出来。这样一来，在后面的催眠过程中，催眠师与受催眠者的配合将会进行得更加顺利。

第三，在实施催眠术之前，受催眠者还应当进行必要的放松训练，只有彻底地消除顾虑，得到放松，受催眠者才有信心接受催眠，并与催眠师充分合作，达到催眠治疗效果的最佳状态。有一个良好的开端，才能为进一步的催眠治疗奠定基础。

作为一种心理治疗，催眠治疗最主要的首先是帮助受催眠者抚平情绪、建立信心。在此过程中，催眠师要使受催眠者感到他是在竭尽全力，最大限度地为其解除病痛，摆脱痛苦，带来健康。其次，催眠师要逐步地取得受催眠者的信赖，只有在双方相互信任的基础上，才能更好地开展接下来的工作。接下来，催眠师会运用专门的引导技术，通过想象、渐进等方式让受催眠者进入催眠状态。最后，当受催眠者的潜意识逐渐增强，就会把隐藏在心底的情绪说出来，从而减轻心理上的负担。

无论是采取哪一种形式的心理治疗，都必须通过医患双方的沟通与交流来完成，这是必要的前提条件，也是医疗成功的重要保证。所以，催眠师与受催眠者之间的关系在治疗的过程中也是起到了桥梁、纽带的作用。临床证明，相互信任的亲密关系能够明显地减轻受催眠者的不安和焦虑，增强受催眠者的信心，也容易使其进入催眠的状态。因此，在实施催眠之前，催眠师应注意努力建立良好的医患关系。这种医患关系是一个双向的心理互动过程，所以催眠师一定要有坚定的信心与耐心，用乐观的思想和坚强的意志对待前进道路上的一切困难，不折不挠地坚持下去，直到受催眠者完全恢复健康。

催眠师必须遵循的五项原则

实施催眠术的人——催眠师，绝对要遵守应有的职业道德，切不可抱有滥用的邪念。由于催眠术是运用暗示等手段让受催眠者进入催眠状态，所以催眠师在调动人的无意识力的同时，必须节制那些“失度”的恶作剧。例如，将臭水暗示为果汁让对方喝，在严寒的冬天让对方脱衣，让人在大庭广众下出丑等，均属禁忌行为。由于催眠治疗是在受催眠者被催眠师控制之下进行的，因此催眠师的职业道德和素养具有更特殊的意义。

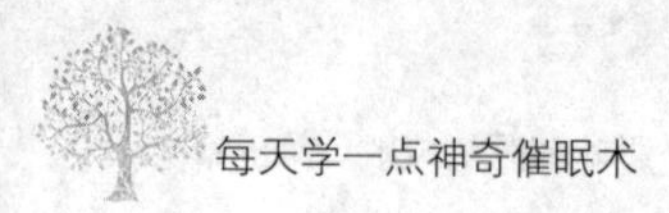

催眠师在实施催眠术时，一定要遵守以下五项原则。

1. 考虑时间和场合

特别是不要在夜深人静的时候进行催眠治疗，尤其是在紧靠邻居的地方。因为受催眠者的声音会出乎本人意料地紧张、高昂，有时会传得很远。在受催眠者尖叫的时候会给邻居造成一定程度的困扰，严重的话会影响他人休息或者给他人带来恐惧感。所以催眠治疗最好在白天进行。催眠师应善于机动灵活地采取适当措施解除受催眠者的不良情绪，争取让受催眠者能在常规的状态下积极主动地配合治疗。

2. 不要给受催眠者脱离常识的暗示

不要给受催眠者脱离常识的、奇异的暗示，如使其采取过分的、危险的姿势、往嘴里放危险的物品等，难免会发生异物损伤筋骨或招来意想不到的事故。另外，应注意不要让受催眠者发出无意义的怪声等。催眠师的暗示需要根据受催眠者的情况有针对性地选用指导语言，不可以随意戏弄受催眠者。

3. 不做超限度的恶作剧

不要对受催眠者做超限度的恶作剧，不得强迫对方喝有毒的东西或者碰有害的物质，不得要求对方用头撞墙、从高处跳下，等等。所有能给受催眠者造成伤害的行为一律不允许施行。

4. 不选择容易兴奋者

应尽量避免选择容易兴奋的人，这类人通常会有歇斯底里的倾向，很容易对催眠术产生强烈的抗拒反应，或容易出现混乱的场面难以控制。而且容易兴奋的人一旦进入催眠，则很容易发生感情爆发性地发泄、朝意外方向发展的危险，催眠师应当坚决避免局面失控。

5. 对于儿童的催眠只做到浅度催眠状态

对于孩子来说，“注意力集中”是一个很抽象的概念，在他们的头脑中，没有一个具体的步骤告诉自己如何做到“注意力集中”，所以针对儿童的催眠方法应做适当的调整，不应和成人一样。

受催眠者一定要注意的三大问题

对于受催眠者来说，在接受催眠之前一定要注意身体状况，要有正确而坚定的信念，同时还要注意其他一些问题。这些问题同样不容忽视，它们也是心理治疗成败的关键。下面我们对此一一进行讲述。

1. 身体状况

身体情况方面包括，要注意排空大小便，而且注意不要吃得太多、太饱，要绝对禁止饮酒，尽量不要服用人参、激素类药物等，尽量保持有规律的生活习惯，以良好的精神状态来接受催眠治疗。另外，需要注意的是，在受催眠者出现腹泻、高烧或者患有瘙痒性皮肤病时，不宜施行催眠术，应当等到身体完全康复时再进行。在催眠治疗的过程中受催眠者身体有任何不适都是不正常，此时一定要马上跟你的催眠师反应，并要求立即停止催眠。

还有一种情况是，那些对于催眠术不甚了解的人总以为在受催眠者将要睡觉之际，实施催眠术的效果是最好的。而事实恰恰相反，在受催眠者疲劳欲睡之际最不宜，也最不易实施催眠术。主要因为这个时候的受催眠者由于过分疲劳无法再专注于某一件事情，注意力涣散，极欲进入正常的睡眠状态。因此，在受催眠者极度疲劳欲睡的情况下，实施催眠是非常困难的。而在受催眠者精神饱满的时候，其注意力是最容易集中的，也就非常易于接受催眠暗示。所以当受催眠者感到疲劳、昏昏欲睡时，应及时反映给催眠师，调整一下催眠进度，待休息好后再继续催眠治疗。

2. 受催眠者要有正确而坚定的信念

“心诚则灵”常常被理解为是唯心主义的一种表现。其实，对于以心理暗示为机制的催眠术来说，能否取得成功在很大程度上取决于受催眠者是否“心诚”——即怀有正确而坚定的信念。信念是成功的基石，作为被催眠者，要有坚定的信念。因为不管病情是好是坏，都要以乐观积极的信念来支持自己。

受催眠者一定要理解清楚，催眠治疗是为了帮助自己解除心理上的疾患，并对此信念坚定不移。有人认为，催眠师对自己所实施的催眠实质上也是自我催眠，是自己把自己导入催眠状态。从某种意义上来说，这句话是正确的。因为，它指出了催眠师成功实施催眠的关键所在——如果没有受催眠者正确、坚定的信念，催眠师就很难将受催眠者导入催眠状态。的确是这样，在催眠过程中最大的障碍——受催眠者的紧张、惶恐与不安，是由受催眠者缺乏对催眠术正确而坚定的信念而引起的。这个时候如果受催眠者想以最有效率的方式，减轻病痛，就一定要学会清除自己潜意识里的所有的负面信念，鼓励自己树立信心，相信催眠师，并且积极地配合催眠治疗。

3. 心态与表现

作为催眠施术的对象——受催眠者，在催眠过程中必然会产生种种心态与表现，这些心态与表现中，有些会促进催眠的顺利实施，有些则会妨碍催眠施术取得良好的效果。因此，受催眠者一定要注意自己的这些表现，适时地调整自己的心态，让自己全身心放松，并且不断地暗示自己在进步、在努力，最后一定会成功。

其实，在实施催眠之前，受催眠者常常会有不同程度的紧张、惶恐与不安，并由此而产生一些抗拒反应。而这些反应又常常使得受催眠者将注意力转移到抱怨客观条件上，例如，嫌周围环境不够安静，抱怨椅子太高、太硬，或者觉得自己身体上有所不适，等等。其实，受催眠者的真实心态是对于催眠术的逃避或者想要延缓接受催眠术。因此，在催眠师对受催眠者进行放松的同时，受催眠者自己一定要主动配合，调整好自己的心态。受催眠者一定要树立正确对待疾病的态度，摆脱错误的思想。

还有一个问题就是，在诱导阶段，受催眠者往往会产生警戒与抗拒的心理，通常的表现是：不是将全部的注意力集中于催眠师所做的暗示上，而是以一种监视的态度暗暗地观察催眠师将会以何种表情、何种态度、何种方法来诱导自己进入催眠状态。还有一些人是故意不接受或者违背催眠师的暗示诱导，想以此来试试催眠师到底有多大的能耐、多高的技术。总之，受催眠者的上述心态与表现均不利于催眠的顺利实施。受催眠者应当摆正心态，注意调整自己的心情。因为这不仅是催眠取得良好疗效的先决条件，而且是获得成功的重要依据。

第六章

催眠诱导：进入恍惚或催眠状态

※……催眠诱导：带你进入催眠状态

催眠诱导就是指催眠师诱导受催眠者进入恍惚或催眠状态的过程，是催眠过程中最重要的一个环节，如果催眠师不能诱导受催眠者进入催眠状态，那么，催眠的其他活动也就无从谈起了。催眠诱导环节的任务就是，催眠师运用一定的诱导技巧，让受催眠者进入催眠状态。

通过催眠诱导，催眠者可以使受催眠者被动地放松、反应能力降低、注意范围变得狭窄、幻觉增强，而后，受催眠者逐渐接受催眠师的暗示进入催眠状态。催眠诱导的方法有很多，凡是能够使受催眠者进入催眠状态的方法都可以称为催眠诱导法。

最古老的催眠诱导法是怀表摇摆法。许多人对催眠术的最早印象来自一只来回摇摆的怀表，被催眠的人呆呆地凝视着那只来回晃动的怀表……时间随着怀表的嘀嗒声渐渐流逝，而怀表晃动的幅度也越来越小，越来越慢……被催眠的人则眼神越来越僵直，视线移动得越来越缓慢……这时，催眠师用手在被催眠的那个人的眼睛上轻轻一抹，用低沉的声音说：“睡吧！”于是，被催眠的那个人就随着催眠师的手掌倒在椅子上，进入了催眠状态……这是众多催眠诱导方法中的一种，被称为“凝视法”。

催眠诱导的核心就是能够清醒地感受现在，诱导对方关注自己的感觉，并进入更深的催眠状态。如果能够在一个温度适宜而又安静的环境下，以缓慢、平静、镇定的语气对人进行诱导，就可以让大部分人进入浅度催眠状态。

例如下面这种最简单快捷的“三句话催眠诱导法”：

第一句：你可以让……你现在的感觉……一直继续下去。

第二句：你也许会非常好奇……你的身体到底可以舒适到什么程度。

第三句：你并不一定需要……进入到很深、很深的催眠状态。

虽然催眠诱导的方法很多，但大多都建立在命令式和温和式这两种基本方式上。命令式诱导主要是应用直接指令性语言，比如：“你将……”“我会……”；而温和式诱导的语言则温和、缓和一点，比如：“如果你会……，那么……”“当我……，你就……”。

凝视法：应用最普遍的催眠诱导法

凝视法是最为古老的催眠诱导法。“凝视法”发展至今，已经有了太多的衍变和衍生，同时它也成了现今应用最为普遍的催眠诱导法。

凝视法是刺激受催眠者的感官——视觉，而使受催眠者注意力集中的催眠诱导法。在凝视法中，由于受催眠者的特性不同，

喜欢凝视的东西也不同，就会有很多变化。其实，凝视的对象可以是任何物体，但主要是发光的物体。例如电灯、镜子、水晶球、荧光涂料、火苗、其他能发光的装置等，或者是运动物体，例如钟摆、指尖、手指捏住的戒指等，或者是特殊的色彩、催眠师的脸和瞳孔等。有时，催眠师也会设法制作一些特殊的道具，比如在纸板上画上几重眼圈状的旋涡图案。现在，最常用的凝视法就是天花板凝视法和墙壁凝视法。

天花板凝视法适用于习惯逻辑分析与判断的人，能够很好地分散过于强烈的意识注意力，让潜意识的能量自然呈现，自然进入催眠状态。天花板凝视法具体如下：先让受催眠者舒展一下身体，做一个深呼吸，让身体放松下来，然后以舒适的姿势坐在椅子上，或者是靠在沙发上，双手以自己觉得轻松、舒适的姿势放好。然后让受催眠者用轻松的方式，在天花板上选择任意一点，并且将注意力完全集中在那一点上。接下来，催眠师开始进行诱导。

墙壁凝视法适用于那些心思、想法比较多，注意力很难集中的受催眠者。墙壁凝视法的关键是一边放松，一边凝视，同时保持紧张和放松。墙壁凝视法具体如下：先让受催眠者舒展一下身体，做一个深呼吸，让身体放松下来，然后以舒适的姿势坐在椅子上，或者是靠在沙发上，双手以自己觉得轻松、舒适的姿势放好。接下来，催眠师开始进行诱导。

在催眠诱导过程中，凝视法有时是几种催眠方法同时使用时的第一步骤；有时单独运用时，它又能直接将受催眠者诱导进入催眠状态。所以，在所有的催眠诱导方法中，它的使用频率是相当高的。

深呼吸法：最简单的催眠诱导法

大家都知道，在心理紧张和压力状态时进行深呼吸，能够缓解自己的紧张情绪，释放心理压力。那么，要想使受催眠者进入催眠状态，一个很重要的条件就是消除他的紧张。因此，深呼吸是一个非常好的催眠诱导方式。如果受催眠者知道如何控制自己的呼吸频率的话，这对他更好地进入催眠状态或缓解压力和紧张是非常有帮助的。

深呼吸法的原理是，通过深呼吸使受催眠者把注意力集中起来，更好地倾听催眠师的诱导与暗示。深呼吸催眠诱导方法具体如下：

在实施深呼吸催眠诱导时，需要先让受催眠者处于一个非常舒适、安静的环境中，采取一个受催眠者自己觉得非常舒适的姿势坐在椅子上，或者靠在沙发上。然后催眠师进行暗示："现在，你坐在这里，感觉很舒适，很放松……请你现在全身放松，微微地闭上眼睛，慢慢地呼吸……先深深地吸一口气，然后慢慢地吐出来，把胸中的气吐完之后，再深深地吸气，然后慢慢地吐出来……好，自己接着做，每做一次深呼吸，深深地吸气，慢慢地吐出来……你的所有紧绷状态完全消失……你会随着每一次的呼吸更放松……你会感觉到你的身体更加放松，进入了催眠状态。"

这种深呼吸诱导法要求受催眠者能够轻松、自然地进行深呼吸，如果他们在深呼吸时过分地用力，使劲地吸气或者吐气，就会感到身体不适。如果出现这种状况的话，催眠师要马上指导受催眠者轻轻地、慢慢地自然呼吸，不要过分地用力，要做到很自然，很放松。而且需要注意的是，做深呼吸的时间不能太长，否则就会使受催眠者产生疲劳感。一般来讲，做10次左右就可以了。然后，催眠师接着暗示受催眠者："你全身放松，全身都放松……你很想睡，你的身体很沉，很沉……你很想睡，你的身体很沉，很沉……你马上就要睡着了……睡吧……身体很沉……很沉……越来越沉……你马上就要睡着了……"

这个时候，受催眠者就很容易进入催眠状态了。受催眠者仿佛听到这个声音是从某个极远极远的地方传来，从他的一侧耳朵传入了大脑，在他的身体内与他的血液一起流动，然后又从另一侧耳朵离开了身体，飘然而逝。在这种自然、静谧、舒适的气氛与感觉中，受催眠者不知不觉间就忘却了一切抵抗，全部的身心都沉浸在一种不可思议的美妙的余音中。在状态突破之后，一定不要忘记让受催眠者认真地体验一下自己此时此刻舒适的感觉，否则催眠的效果会大打折扣。

这种深呼吸诱导法能促使受催眠者注意力集中，并达到一定的专注程度，从而进入催眠状态。在深呼吸诱导中，需要注意的是，受催眠者的呼吸速度不能时快时慢，要注意根据不同的情况来进行不同速度的呼吸。比如，当受催眠者对催眠师的暗示明显有强烈的抵抗时，就不能过快地深呼吸。

直接诱导：由测试直接导入催眠状态

在进行催眠之前，受催眠者一般都要经过催眠的被暗示性或敏感度测试。如果受催眠者能够通过这些测试项目，催眠师完全可以在测试进行时使受催眠者直接进入催眠状态，这个诱导方法叫作直接诱导法。直接诱导法包含三种：眼皮沉重，手臂坚挺僵硬和手臂升降。

由眼皮沉重测试进入催眠状态，操作比较简单，时间也比较短。首先，催眠师要求受催眠者用一只手的大拇指和食指捏住一枚硬币，将注意力完全集中在手指上。然后，催眠师对受催眠者施加暗示，一直暗示到受催眠者手中的硬币掉下来。在硬币落地之后，催眠师接着施加暗示，让受催眠者直接从敏感度测试中进入催眠状态。

由手臂坚挺僵硬测试进入催眠状态则不同。在手臂坚挺僵硬测试之前，催眠师会要求受催眠者先舒展一下自己的身体，做一个深呼吸，让身体能够放松下来。然后让受催眠者以自己感觉舒适的方式坐在椅子上，或者是靠在沙发上，双手以自己感觉舒适的姿势放好。然后，催眠师进行暗示，让受催眠者的手臂固定在半空中，变得非常僵硬。催眠师接着施加暗示，让受催眠者的手臂越来越僵硬，然后再越来越放松，在放松的过程中逐渐进入更深的催眠状态。

由手臂升降测试进入催眠状态。在做手臂上升测试之前，催眠师会要求受催眠者先舒展自己的身体，做一个深呼吸，让身体放松下来。然后，催眠师施加暗示，让受催眠者双臂向前伸直，左手掌心向上、右手掌心向下。全身放松，想象左手感觉到越来越沉重，同时想象右手绑着一串彩色的气球正把右手慢慢地往上拉。并且左手受到的压力和右手受到的拉力都慢慢地越变越大。经过一段时间后，受催眠者的双手就会有明显的差距，催眠师可以就此引导受催眠者进入催眠状态。

以上是常见的直接诱导法的应用。这些方法操作起来很简单，而且操作时间也比较短，因此使用非常广泛。在具体的催眠实践中，催眠师往往需要根据受催眠者的特性，来选择最合适的催眠诱导方法。

传统常用的四种催眠诱导法

除了最古老最普遍的凝视法，传统的催眠诱导法还有：感觉诱导法、自然诱导法、美好回忆诱导法、学习回溯诱导法，这些方法都是比较常用的。这四种方法需要正确、恰当地使用才能达到催眠的效果，而且每种方法也都不是万能的，必须要懂得在恰当的时候恰当地使用。

1. 感觉诱导法

感觉诱导法是在受催眠者思绪混乱，不知该从何处说起时应用，当此情景下，让受催眠者从体会自己的感觉开始进入催眠状态，受催眠者的潜意识自然知晓答案。这种靠受催眠者自身的感觉来诱导的方法更加快速与准确。

感觉诱导法适用于感情敏感细腻的人、触觉型的人，长期病痛或患有严重心理疾病的受催眠者则不适合运用感觉诱导法。如果受催眠者身体很不舒适，那么他的感觉就会因为安静、内省而扩大，反而阻碍诱导进入催眠状态。所以催眠师在进行催眠治疗之前一定要对受催眠者进行详细的观察与询问，确保找到最适合受催眠者的催眠诱导法。

感觉诱导法的引导示例如下：

“现在，你正自然地坐在椅子上，你能够感觉到，自己的脊背正靠在椅背上，清晰地感觉到，那种靠在椅背上的感觉……你能感觉到，你的臀部正接触着椅子，你能感觉到，那种接触的感觉……你的双脚正放在地面上，双脚的脚掌正放在地面上，而你的双手自然地放在你的大腿上，你的双手能够碰触到你自己的大腿，我要请你集中注意力在那种碰触的感觉上，双手碰触大腿的感觉……你能感觉到手掌的温度……手心与大腿之间的接触……慢慢体会……慢慢去感受……好，感受那种感觉，那是你自己的感觉，你正坐在椅子上，你的脊背靠着椅子，臀部接触着椅子，双脚接触着地面，而你的双手自然地放在大腿上，感受这种接触的感觉，继续感受你自己的触觉……”

2. 自然诱导法

自然诱导法的关键是引导受催眠者所有的反应自然发生，根据那些反应，催眠师进一步诱导受催眠者用心去感受让他们内心不做任何抗拒。这个方法适用于那些对催眠暗示抵抗比较强的受催眠者。

自然诱导法具体如下：

“你很自然地、很放松地坐在这里，很自然地坐在这里……感受你自己的呼吸，每一次呼吸都那样自然而放松……感受你的心跳，它很自然地在你的胸腔里跳动着……你只是自然地、放松地、舒适地坐在这里……你什么都不必刻意做，你只是很自然地、很放松地坐在这里，什么都不愿想……一切都会很自然地发生……你会觉得很愉快，很舒服……很自然……很放松，很安全……你的潜意识会自然跟随着我的语言，你什么都不必刻意

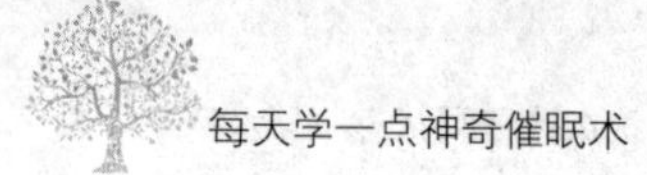

做，你只是很自然地、很放松地坐在这里，什么都不愿想，什么都不愿想……”

3. 美好回忆诱导法

对很多人来说，回忆那些美好的经历就是自然的催眠诱导，受催眠者能够清晰地回忆起当时发生的事情，体验自己当时的情绪，脑海中对于当时的情景再现一番，再配合手臂升降的动作，这样就非常容易进入中度催眠。这个方法比较适合善于言谈、情感丰富的人，尤其是这样的老年人。

美好回忆诱导法具体如下：

“现在，请你开始回忆，回忆你过去的生活，回忆那些让你感觉特别愉快和美好的事情……你应该回到你的记忆深处去，回忆那些令你愉快、令你开心的美好的事情……你每呼吸一次，你就能够回忆得更深入一些……深入地回忆那些美好的事情、美好的经历，深入地、仔细地回忆，那些美好的回忆是多么令你愉快……当你仔细沉浸在你的内心回忆时，你已经慢慢进入了无人能打扰你的境界……继续去回忆……完全地放开心胸去回忆……回忆美好的事情……深入地回忆，回忆那些美好的事情、美好的经历……回忆那些美好的事情、美好的经历，深入地、仔细地回忆……那些美好的回忆是多么令你愉快……现在，慢慢地、慢慢地把你的手放下来，慢慢地、慢慢地放下来，一次只要往下挪动一个神经细胞……现在，你会感觉到非常愉快，非常轻松……你的感觉非常愉快，非常轻松……把这种感觉逐渐扩散到你的全身……你的全身非常放松，非常舒适……”

其实，不仅仅是回忆那些美好的经历，紧张、害怕、不安、恐惧、焦虑等感受和经历都可以运用到我们的催眠治疗中。当受催眠者非常清楚地知道自己受到一些事情的影响，并让自己紧张、害怕、不安、恐惧、焦虑时，可以直接让他回忆当时所发生的事情。而一旦受催眠者在催眠师的引导下绘声绘色地讲述当时发生的事情，认真而投入地讲述当时的场景，身临其境地体验当时的紧张、害怕、不安、恐惧、焦虑等感觉，这个过程本身其实也是催眠导入，不过这就需要催眠师能够敏锐地发现受催眠者的情绪变化，准确合理地进行述说，并就此具体分析，做进一步的治疗。

4. 学习回溯诱导法

每一个人都是在不断学习中成长的，回溯曾经的学习经历是一种非常有效的催眠诱导方法。一方面它能让受催眠者逐渐沉浸于自己曾经的学习体验中，不断找寻回味当时的学习感受，另一方面也暗示了受催眠者新的改变，以及逐渐成长的过程。

学习回溯诱导法具体如下：

“曾经的那些学习经历，总是让我们难忘，甚至随着岁月的增长，这些记忆反而会越来越清晰……还记得你第一次学习骑单车吗？还记得你上学的第一天吗？还记得你第一次上化学课做实验吗？还记得你第一次学习英语单词吗？还记得你第一次学习做饭吗？还记得……这么多第一次学习的经验。那个时候，你一定像现在第一次学习进入催眠状态一样有点喜悦，有点开心，有点好奇和新鲜……就让我们回到第一次学习新知识的回忆里……那是一幅怎样的场景？你是在学习什么呢？你当时的感觉是什么？会不会觉得很有趣，还是觉得很难，很担心……在你的头脑中清晰地描画出这样的场景，你在学习那些新知识，那一幅场景清晰地呈现在你的脑子里……”

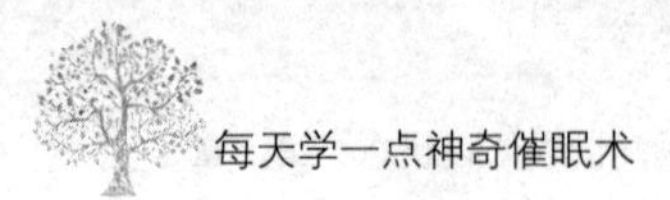

许多复杂的，规模较大的问题都可以使用回溯法，它有“通用解题方法”的美称。学习回溯诱导法有一个非常有效的技巧，就是引导受催眠者回溯婴儿时期的成长过程。当他刚降临到这个世界，从看、听、嗅到触摸、探索自己的身体，仰起脖子，学会爬，学会走，学会迈门槛……这个回溯婴儿时期的方法确实相当有效，它几乎可以带领任何人进入到不同程度的催眠状态。

药物诱导法：只用于催眠治疗的诱导法

美国曾有篇报道，叙述了当时的副总统尼克松一面打瞌睡，一面进行演说的情形。这听起来虽然匪夷所思，但确有此事，这是由于尼克松服用了治牙痛的麻药所导致的。

事情发生于迈阿密的牙科医生治疗室中，当时的听众有医护人员5人。为了拔牙，尼克松吃了一种叫作纳贝的麻醉药。麻醉药刚起作用，尼克松便滔滔不绝地谈论起来。他先是谈论美国的生活方式等问题，后来竟然极力称赞起当年在委内瑞拉被一些暴徒投掷石头时，一起同行的夫人是如何如何的勇敢。不过，他没有谈论由于竞选失败而感到难堪的事情或政治问题，这不得不让人惊叹。

其实，手术台上的病人，只要用2.5%的硫喷妥钠或5%～10%的异戊巴比妥钠0.5g稀释后向静脉缓慢注射，如果再使用氯胺酮就能使患者全身麻醉，受催眠者在将要睡眠或者将醒之前，都会出现催眠的状态。

药物诱导法的原理是这样的：使用药物并不能直接使人进入

催眠状态，但是服药后的受催眠者会提高被暗示性，大脑皮层有广泛的抑制，这样催眠诱导就易于进行了。不过需要注意的是，此法一般只用于催眠治疗，而且是选择性的治疗，并不主张用于催眠表演。

双手开合升降诱导法：以动作为主的催眠诱导

双手开合升降诱导法是以动作为主体的诱导方法，如手抬起的动作或双手向外张开的动作等。这个方法适用于有噪音的环境，不过在具体操作过程中要特别留意言语暗示与动作的时机。

在进行催眠之前，催眠师要求受催眠者采取一个自己觉得舒适的姿势，坐在一张舒适的椅子上，然后让受催眠者调整好呼吸，放松一下身体，两手自然地放在膝盖上，注意背部不要靠在椅背上，双脚自然地放松摆放，不能跷二郎腿，整个人放松下来，肌肉不要紧绷，此时须以全身舒适为宜。

催眠师站在受催眠者的前方，将受催眠者的双手上举，然后进行暗示：“做一个深呼吸，将你的全身放松……深呼吸……全身放松……好，睁开你的双眼，看着你的手。”接着，催眠师拿起受催眠者的手掌，接着暗示：“我的手一离开，你的手就这样自然地分开”，这个时候，催眠师将受催眠者的手打开，并让受催眠者一直都看着自己的手。

催眠师接着暗示：“放松……两手分开……再放松……两手分开……继续放松……两手分开……分开……”这个时候，催眠师将受催眠者的双手开合几次，并且在开合的时候注意让受催眠者的手保持放松的状态。

下面，催眠师将受催眠者的双手从下面轻轻地托起来，并且用自己的双手将受催眠者的双手固定在那个位置。然后继续暗示："当我的手一离开，你的手就会打开。"这个时候，催眠师的手就会迅速离开。如果受催眠者的手是处于很放松的状态，那么催眠师的手一离开，受催眠者的手就会稍稍地下降，很自然地打开。

在受催眠者的手打开的同时，催眠师暗示："好，打开了，再打一点，慢慢地、自然地打开了……继续这样打开下去，打开下去……"等受催眠者的双手打开到与肩同宽时，催眠师暗示："好，停下来……下面，当我的手碰触到你的手臂时，你的双手就会一直慢慢地向上举……"这个时候，催眠师用双手轻轻碰触一下受催眠者的双手，然后迅速离开，受催眠者的双手就会开始慢慢地上升。接着，催眠师暗示："慢慢地、放松地向上举，一直这样慢慢地向上举……不断地、慢慢地向上举，放松地向上举……好，你的双手正在逐渐地接近你的脸……慢慢地、放松地向上举……等你的手一举到你的脸处，你就会感觉很累，感觉非常累……你的眼皮也很累，非常累，就会下垂了……好，继续向上举……你的眼皮非常累，它非常累，它已经在下垂了，你现在就要闭上眼睛了……好，再举一次……你感觉非常累……非常累，眼皮也非常累，慢慢地，你闭上眼睛了……"如果这个时候，受催眠者没有闭上眼睛，催眠师就要接着暗示："你的眼睛非常累，眼皮已经下垂了，眼皮没有了力气……请慢慢地、自然地闭上眼睛……慢慢地、自然地、放松地闭上你的眼睛……请慢慢地闭上你的眼睛……好，闭上眼睛……闭上……”

等到受催眠者完全闭上眼睛，催眠师暗示：“现在我要数数，当我数到5的时候，你的手就会分开……1，你现在非常放松……2，你现在很放松，什么都不要想，什么都不要想……3，你现在非常放松，非常舒适，什么都不想……4，什么都不想，只有全身放松、自然、美妙的感觉……5，好，你的双手分开了，你的手已经非常放松了……你的手开始慢慢地下落，自然地、放松地下落……你的双手自然地、放松地下落，落到你的膝盖上了……当你的手一落到你的膝盖上，你的整个身体就完全放松了，你的头也就变得很沉，让头继续往下吧……让你的头继续自然地、放松地往下吧……这样，你全身放松下来……放松……慢慢进入催眠状态……放松……进入深深的、舒适的催眠状态……”

这个时候，催眠诱导成功，可以进入到催眠深化环节了。

此法是以动作为主，以双手的开合、升降为主要动作，具有快速诱导的优点，能使受催眠者快速地进入催眠状态，不过对于言语暗示与动作的时机，催眠师一定要把握好。

混淆诱导法：不容易被催眠时的办法

混淆诱导法适用于那些阻抗比较强的受催眠者。所谓阻抗比较强的受催眠者，也就是那些不太愿意配合，或者用常规的催眠诱导方法很难进入催眠状态的受催眠者。混淆诱导法通常要求受催眠者专注于几件事，这样就会更容易产生疲劳，也防止了受催

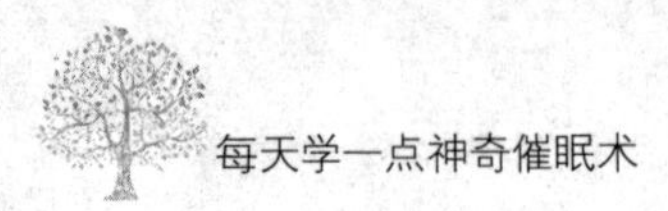

眠者胡思乱想，能够产生很好的催眠效果。

比如，凝视法是要求受催眠者凝视一个物体，直到放松，自然地闭上眼睛。但是对于那些催眠敏感度比较低的人来说，他们往往很难集中精力，那么这时就可以加上另外一项或几项任务，如从200每次减2这样的数数，一边凝视，一边数数，一边跟随着催眠师的暗示，这样受催眠者往往就会忙不过来，产生疲劳，自然就进入了催眠状态。混淆诱导法最常用的是左右同时诱导法、惊乱诱导法。

使用左右同时诱导法对受催眠者进行催眠时我们可以请两位催眠师分别在受催眠者的左右两侧进行诱导，诱导语可以是相同的。左右同时诱导法的效果是非常好的，同样的引导方法，一旦有两位催眠师在受催眠者的左右两边同时进行，能够迅速给受催眠者带来恍惚、混淆的感觉，就可以引导受催眠者进入催眠状态。使用左右同时诱导法还可以只请一位催眠师。催眠师可以在诱导的过程中不断地更换到受催眠者左右两个位置，甚至可以尝试以不同的语气、语音、语调进行诱导。

催眠师也可以突然给出一些出乎受催眠者意料的暗示，让受催眠者在一瞬间产生一种混乱的感觉，这就是惊乱诱导法。例如，催眠师将手指放在受催眠者眼前100厘米的远处，让他凝视一会儿，然后催眠师将手突然向他的眼睛伸过去，他就会因为吃惊而闭上眼睛。此后，催眠师可以轻轻地按住受催眠者的眼睛，并暗示说："闭紧你的双眼，怎么也睁不开。"停一会儿后，催眠师将手移开，看到受催眠者的眼皮跳动，这时，受催眠者就已经进入了催眠状态。

左右同时诱导法、惊乱诱导法都是要求受催眠者专注于两件事或多件事，或者说专注于两项任务或多项任务，从而更易疲劳，产生较好的催眠效果，提高进入催眠状态的成功率。

提高催眠成功率的四种压迫诱导法

每个人的催眠敏感度不同，有的人很容易被催眠，而有的人则很难被催眠。对于催眠敏感度比较弱的人来说，也就需要用相应的保守技术来治疗。这里主要介绍一下提高催眠效率的四种常规压迫诱导法，分别有枕后动脉压迫法、颈动脉窦压迫法、锁骨下动脉压迫法、颞浅动脉压迫法。

1. 枕后动脉压迫法

枕后动脉是在耳朵中央往后2～5厘米的地方，但是，每个人血管的地方都会有一些微小的差别。所以，这就需要催眠师仔细去寻找。这种压迫动脉的方法是一种保守的催眠诱导。一般来说，10个人中大概有4个可以通过压迫和指示进入催眠状态。

枕后动脉压迫法的具体方法是：首先，让受催眠者坐在有靠背的椅子上，催眠师站在受催眠者的左侧，左手扶着受催眠者的额头，右手的拇指和中指按压受催眠者的枕后动脉。在按压时，催眠师要注意根据受催眠者的年龄和其他具体情况来注意手指的力度。催眠师保持这个按压的姿势，并向受催眠者发出指示：“请你先数数。”然后就保持沉默，直到受催眠者数不上来数。这个时候，催眠师就可以停止按压，因为此时受催眠者一般已经进入催眠状态了。

如果按压得当的话，受催眠者最多只能数到20，就已经进入催眠状态了。不过，需要注意的是，对受催眠者头部的血管不能长时间按压，如果长时间进行按压的话，容易发生危险。所以，催眠师应当快速地完成这个过程。如果感觉需要的时间比较长的话，那么最好再去尝试一下其他办法。对于按压的位置，一般都是相同的。当然，大脑后部的两侧都有动脉，也有受催眠者因为肌肉非常硬、非常厚实，不能很好地被按压。为了保证效果，催眠师对受催眠者两侧的动脉需要用相同的力气、强度去按压，而且按压的同时要密切注意受催眠者的表情变化，确保受催眠者能顺利进入催眠状态。

2. 颈动脉窦压迫法

颈动脉窦是指喉咙两侧的动脉。颈动脉窦压迫法的原理是这样的：颈动脉窦也是一个压力感受器，它能将感受到的压力传到大脑，手压颈动脉窦会让它感到压力增加，从而引起血压上升。当受催眠者的血压上升时，颈动脉窦膨胀，迷走神经受到刺激，就会发挥降低血压的作用。而从外部故意给予颈动脉窦一定的压力——压迫颈动脉窦时，就会使其血压下降，从而达到改变受催眠者意识状态的目的。在美国，催眠师曾用这个方法将数千人成功地催眠，无一失败，成功率可谓最高。

在进行颈动脉窦压迫的时候，催眠师一般会让受催眠者站着，并让受催眠者仰望天花板。然后，催眠师用手指轻轻按压受催眠者的颈动脉窦。这个时候，紧挨着颈动脉窦后面的迷走神经受到刺激，血压下降，从而使受催眠者意识的状态发生改变。通过按压颈动脉窦，受催眠者的血压会接近于睡眠时候的水平，思维得到了抑制，催眠师就在这个时候给予受催眠者催眠暗示。需要注意的是，这种方法会让受催眠者的血压快速地降低，所以，催眠师定要谨慎操作，如果操作不当的话，可能会使受催眠者昏厥。尤其要注意的是，一定要轻压受催眠者的两侧颈动脉，如果压迫过猛的话，受催眠者就会因血压急剧下降而引发脑缺血，导致昏迷。

其实，颈动脉窦压迫法成功的真正秘诀，并不是催眠师强迫受催眠者的意识状态发生改变，然后给予催眠暗示，而是在受催眠者的意识稍有改变的时候，马上引导其进入催眠状态。一个优秀的催眠师，能够用拇指的指肚感觉到受催眠者意识状态开始改变的那一瞬间，受催眠者的意识状态一旦开始改变，催眠师就要马上停止按压，然后小心地将受催眠者放倒在床上，避免妨碍到受催眠者进入催眠状态。

另外，由于在使用颈动脉窦压迫法中受催眠者意识状态的改变是瞬间发生的，因此催眠师要注意事先加入预期作用的暗示，或者在按压过程中快速加入预期作用的暗示。比如，可以告诉受催眠者："你的心情非常放松，非常舒畅，现在开始让身体完全放松……放松……全身渐渐地没有了力气，越来越放松，越来越舒畅……周围也越来越暗……你的手臂开始发软……非常轻松……你的膝盖开始发软，全身都慢慢地变软，非常轻松，非常舒畅……"至少要给予这个程度的暗示之后，才能再给予深化暗示。一般是等到受催眠者的膝盖发软，全身放松，催眠师让受催眠者平稳地躺倒在床上，再慢慢引导其进入深度催眠。

颈动脉窦压迫法的催眠诱导，成功率很高，但是风险也大。如果有的催眠师承担不了对于此催眠的相关责任，那么就请不要使用这种方法。而且，需要注意的是，心脏功能不全者禁用此法，血压低者也要慎用。另外，此法除用于催眠治疗，为了让受

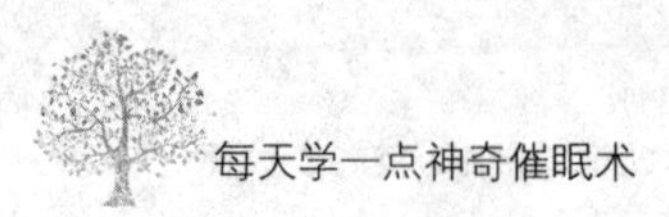

催眠者的安全有保障，所以并不主张用于催眠表演等。

3. 锁骨下动脉压迫法

有些受催眠者虽然经过诱导，进入了催眠状态，但是心中仍然有些不安，难以从轻度催眠状态进入到深度睡眠中。实际上，这种情况是常有发生的。这样的受催眠者一般会有这样的想法："心里总觉得忐忑不安，我知道这是阻碍我进入深度催眠状态的原因。"那么，在这种情况下，催眠师就要应用一些辅助性的方法，来帮助受催眠者更好地进入催眠状态。比如，锁骨下动脉压迫法。

锁骨下动脉压迫法的原理是：催眠师重点把手放在受催眠者的颈根部上，用力向下按压。而肩部下方有锁骨下动脉这样的一条大血管通过。催眠师通过按压颈根部来压迫受催眠者的锁骨下动脉这条血管，从而减少受催眠者的脑部供血，暂时抑制住受催眠者的思考，从而帮助受催眠者进入催眠状态。锁骨下动脉压迫法具体操作如下：首先，在尽可能地进行一番催眠诱导之后，催眠师一边柔缓地按压受催眠者的肩部，一边给予一些使受催眠者放心的暗示："我一按压你的肩部，你就会感到自己被安全感所包围……我柔缓地按压你的肩部，你的心里充满了安全感，你可以感受到时间正在很慢很慢地流逝……好，逐渐开放你的心灵……你慢慢感受到这种感觉……好，用心去感受……"这里是对受催眠者的身体感觉进行刺激，因此暗示时要以感情为主。

因为这种方法比较柔缓，所以催眠师事先一定要准备一把舒适的椅子。

4. 颞浅动脉压迫法

颞浅动脉压迫法是利用生理的手段，在受催眠者耳前对准下颌关节上方处加压，通过压迫眼角后面的动脉，减少进入脑部的血液量，引发在催眠状态下的脑贫血状态，从而使得暗示更容易被接受，催眠诱导也会变得更容易。但是这种方法的风险也很大，所以催眠师仍需要谨慎使用。颞浅动脉压迫法主要适用于那些对于催眠暗示没有什么反应的人。

颞浅动脉压迫法具体的操作方法是：首先，让受催眠者采取一个舒适的姿势坐在椅子上，催眠师站在受催眠者的面前。然后，催眠师将手放在受催眠者的太阳穴处，按压受催眠者的颞浅动脉。催眠师边按压边重复着让受催眠者闭眼的暗示："请你全神贯注地看着我的眼睛……全神贯注地看着……不要移开你的视线……就这样一直全神贯注地看着我的眼睛……好，继续看着……不要有任何杂念……全神贯注地看着我的眼睛……你的眼睛慢慢地有点疲倦……有点疲倦……你的眼睛慢慢地感觉非常沉重，非常沉重……慢慢地，你的眼睛感觉非常沉重，非常沉重……你的眼睛已经睁不开了，睁不开了……眼睛疲倦地闭上了……闭上了……"等到受催眠者把眼睛闭上，催眠师再给予"头往前倒了"的暗示，使受催眠者的催眠状态保持稳定。这样，颞浅动脉压迫法就完全成功了，接下来催眠师再用深化法加深受催眠者的催眠状态就可以了。

第七章

催眠深化：从轻度催眠进入深度催眠

※…… 深化催眠：继续暗示，进入更深的催眠

进入催眠状态的受催眠者，在受到暗示后可能使催眠逐渐深化。也就是说，当受催眠者进入催眠状态之后，催眠师继续对他施加暗示，继续对受催眠者进行催眠，那么受催眠者就会从轻度催眠进入到更深的催眠状态，以便催眠师进行一些需要在更深的催眠状态下才能进行的操作。

催眠深化环节实际上是催眠诱导的延续，催眠深化法与诱导法相同，深化法也有很多种，但是不管是哪种深化法，同时暗示受催眠者“放松”和“无力”是很重要的。需要注意的是，催眠状态一旦加深，有的受催眠者睡意会渐浓，直接进入催眠性睡眠状态。特别是简单的深化法，最容易诱发睡意。如果受催眠者睡着了，一旦唤醒他，则需要重新进入催眠状态。

在催眠诱导进行顺利时也可以直接暗示受催眠者使之催眠状态进一步深化。在催眠深化这一环节，经常出现这样一个问题，就是当受催眠者被诱导进入催眠状态，想要进入更深层次的催眠状态，如果这个时候催眠师要求受催眠者做出一些违反常态的动作，或者催眠师的暗示涉及受催眠者的敏感问题，虽然受催眠者有可能绝对服从，并且真实地回答，但也可能会出现特别强烈的抗拒行为。这是怎么回事，又该如何处理呢？

一般来讲，受催眠者的抗拒行为是由于催眠师没有把握好时机或者还没有与受催眠者建立起信任关系。催眠师在对受催眠者进行深度催眠时一般都特别谨慎，会注意观察受催眠者所有细微的反应。如果确实因为一时不慎，出现了上述的情况，那么催眠师会及时地施加催眠诱导，使受催眠者回到之前已经成熟了的催眠阶段，然后再经过反复地暗示，使受催眠者感觉轻松、舒适、愉快之后，再采取进一步的措施。

在催眠深化环节，催眠的方法比较灵活多变，催眠师的经验和技术越是娴熟，可能出现的变化也就越多。甚至有些催眠师认为，催眠的深化是随机应变的，技术的运用完全依赖于催眠师的观察力和想象力，很多催眠深化的方法都是随机应变、创造和发挥出来的。从某种意义上说，催眠师有多强的想象力，就能够有多么高超的催眠深化方法。

反复诱导法：清醒与睡眠多次交叉、重复

催眠深化法是用来加深催眠状态的方法。这种催眠方法可以使受催眠者变得恍惚起来，慢慢地产生疲倦感，从而加深催眠状态。但是，如果以为催眠诱导法仅仅是用来诱发催眠，然后再由深化的方法发挥作用，这就未免过于狭隘了。催眠深化本身就是催眠诱导的延续，如果对受催眠者进行反复诱导，同样具有加深

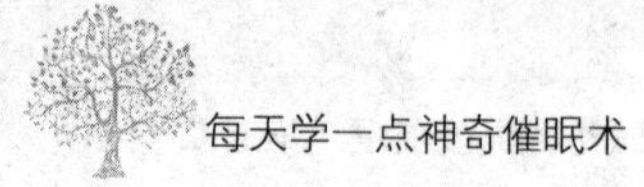

催眠的作用，这就是催眠师们常用的加深催眠的反复诱导法。

其实，反复诱导法是一种清醒与催眠多次交叉、重复进行的，将催眠引向深入的诱导技术。这里所谓的“清醒”，并不是指完全的清醒，而是指受催眠者被唤醒，但还滞留在催眠状态的一瞬间，没有马上醒过来的时候。这个时候继续进行催眠的话，就很容易再次将受催眠者引入深一层的催眠状态。可以用公式这样来表示：“催眠——清醒——再催眠——再清醒——再催眠……”所以，掌握好这个“清醒”的时机，从而反复进行，是非常重要的。催眠师必须要在受催眠者还没有完全觉醒以前，再次引导其进入催眠状态，这是重点所在。如果催眠师诱导后发现受催眠者仍未进入催眠状态或进入较浅的催眠状态，也不必心急，再一步一步地反复暗示，逐渐加深催眠，只有坚持下去才会成功。

反复诱导法的具体操作如下：

催眠师对处于催眠中的受催眠者暗示：“当我的手拍三下的时候，你就清醒过来了。”说完，催眠师就要拍三下手，看到受催眠者的眼睛睁开之后，立即进行暗示：“现在，请你看着我的手指尖，看一会儿……是的，自然地、放松地看着我的指尖，看一会儿……现在，你的眼皮又开始沉重了，又开始沉重了……我的指尖逐渐地朦胧起来……朦胧……你的眼皮很重……很重……你会进入到比刚才更深一层的催眠状态……”看到受催眠者的眼睑下垂了，催眠师再进行暗示：“是的，你的眼皮已经沉重得睁不开了，睁不开了，你现在已经进入更深一层的催眠状态了……静静地闭上眼睛吧，好，闭上眼睛……闭上……你比刚才更轻松了，更舒适了……”当受催眠者完全闭上眼睛之后，催眠师立即又进行暗示："当我的手拍三下的时候，你就清醒过来了……我每拍一下，你就更加清醒……"然后，催眠师拍三下手，重复刚才的催眠过程。

就这样反复、交叉地进行几次，催眠师就能将受催眠者引入深度催眠状态。

深呼吸法：深化催眠中的万能方法

深呼吸法在实施催眠的敏感度测试、诱导、深化等阶段，都是非常有效的方法，真正算得上是催眠应用方法中的"万金油"。在实施催眠的准备阶段，深呼吸法有助于使受催眠者身体放松，顺利地进入诱导状态，甚至有的催眠师只利用深呼吸法就完全可以进行催眠诱导、催眠深化等。

在通常情况下，如果进行几分钟的深呼吸，就可以逐渐达到身心放松的状态，也就是所谓的恍惚状态。在利用深呼吸法进行催眠深化的过程中，受催眠者一边侧耳倾听催眠师的话，一边进行深呼吸，这样注意力就集中到催眠师的话语和自己的呼吸上，自律神经受到刺激，副交感神经开始占据优势。因此，即使是被暗示性低的人，一旦反复深呼吸，也会自然而然地进入催眠状态。

用深呼吸进行催眠深化虽然花的时间比较长，但却是一个能诱导受催眠者真正进入深度催眠状态的方法。那么，在催眠状态中，如何才能够让受催眠者进行深呼吸，诱导其进入到更深层次的催眠状态呢？一般情况下，催眠师会这么暗示受催眠者：

“现在，你感觉非常舒适，非常放松……请你开始做深呼吸……每一次的深呼吸都会放松你全身的力量，让你轻松地进入深层催眠状态……好，现在先深深地、放松地吸一口气，然后慢慢地、放松地吐出来，把胸中的气吐完之后，再深深地吸气，然后慢慢地、放松地吐出来……好，接着做，每做一次深呼吸，深深地、放松地吸气，慢慢地、放松地吐出来……你会感觉到你的身体更加放松……好，接着做，每做一次深呼吸，深深地、放松地吸气，慢慢地、放松地吐出来……吸气、吐气，吸气、吐气，你已经放松，完全感到轻松……你已经进入了更深一层的催眠状态……”

需要注意的是，用深呼吸法进行催眠深化的时候，催眠师必须配合受催眠者的呼吸，轻松地引导受催眠者，使受催眠者毫不勉强地进行深呼吸。如果受催眠者的深呼吸不自然的话，那就说明催眠深化进展得不顺利。

数数法：高度集中注意力，让催眠深化

催眠深化可以采用简单的数数法。催眠师在数数的同时，暗示受催眠者随着每一个数字的数出，其催眠状态就会更深化一步。此法简单易行，可操作性强。

慢慢数数字是一个相当需要集中注意力的深化法，因此，催眠师一定要注意用平静、柔缓的语调进行，配合受催眠者自然而放松的呼吸进行数数，这是能够顺利进行催眠深化的条件。催眠师在催眠之前也会提供一个让人感觉十分安全而又安静的环境，

并且要求受催眠者关掉手机、去掉身上的物品后，才开始练习数数进行催眠。

催眠师暗示："当我数到20（或20至30，30至50）的时候，你就会被诱导进入更深层的催眠状态……听我的声音，你渐渐地被诱导进入更深层的催眠状态中……1……2……3……先放松……放松……4……5……6……全身放松……什么都别想……7……8……9……你跟着我的引导，很快就会进入很放松、很舒服的状态……好，你变得更轻松了……轻松……10……11……12……开始打瞌睡了，你变得更加轻松了……13……14……15……继续自然地放松吧……现在我仍然继续数数，每数一个数字，你会进到更深入的催眠状态中……16……17……18……自然放松……放松……19……20……好，这样，你就进入了更深的、更舒适的催眠状态……"以这种平静、缓慢、温和的语调进行深化，使受催眠者的注意力全部集中在催眠师的声音上。

数数字可以是催眠师来数，也可以是受催眠者自己数。如果是受催眠者自己数，也是上述同样的操作。另外，除了从"1"依序开始数，也可以采用倒数的方法，除了3个数字连起来数，也可以5个数字一起数，只是难度增加了一些。受催眠者可以根据自己的爱好或习惯来进行这些数数的活动，催眠师等到他数完以后可以给予进一步的指导。

身体摇动法："运动暗示"使催眠深化

身体摇动法是以"运动暗示"为主体的深化方法。身体摇动

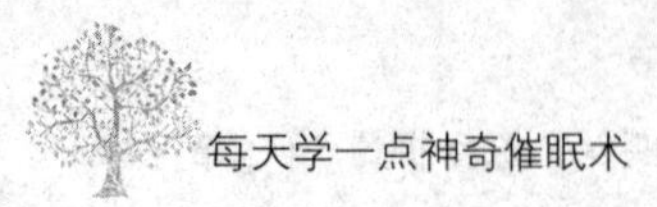

法操作起来比较简单，因此被广泛应用。

在开始身体摇动法之前，需要注意一点，催眠师一定要了解受催眠者经过催眠诱导而进入的催眠状态已到了何种程度，一定要选择适合这个阶段的深化法。因为身体摇动法主要适用于将受催眠者从较浅的催眠状态引向深度催眠，所以身体摇动法既可以单独使用，也可以用于其他催眠深化方法的前驱步骤当中。

身体摇动法具体操作如下：在受催眠者经催眠诱导进入催眠状态后，催眠师让其坐在椅子上，头下垂，上半身尽可能地保持向前倾的姿势，这样有利于受催眠者身体的摇动。催眠师双手按住受催眠者的肩膀，稍稍用力摇动并施加暗示，在持续给予这些暗示时，受催眠者身体的摇动幅度会逐渐地增大。

在此过程中最重要的是，催眠师一定要等到受催眠者的身体完全自动摇晃以后，才可以放开手。如果放开得太早，受催眠者就无法顺利地摇动自己的身体；如果手一放开，受催眠者就停止摇动身体，从而必须再次摇动受催眠者的身体。

当受催眠者的摇摆幅度一直在增大时，应这样暗示："当我数到3以后，你的身体就会向前后摇……1……2……3……现在，你的身体已经在向前后摇了……"受催眠者的身体就会向前后摇动，这时，催眠师应当将手置于受催眠者的肩膀上，然后暗示："现在，你的身体一摇动，你的头就渐渐地被拉向后面……是的，你的头又被向后拉了。"这个时候，催眠师应轻轻按住对方的肩膀后方，接着暗示："你的头在一直向后拉……对，一直向后拉，你的身体也向后拉了……"催眠师一边给予这样的暗示，一边让受催眠者的身体向后靠。

催眠师接着暗示："你的身体被拉到后面了……"由于受催

眠者坐在椅子上，因此他的头会变得不稳定。催眠师接着暗示："就算你的头被拉到后面，我也可以用手接住……"这些话可以安定受催眠者的心。接着，催眠师暗示："你身体的力量更加放松了……现在，你的头下垂，下垂以后，你会觉得更轻松……现在，你的头在下垂……下垂以后，你会觉得，你已经开始打盹了。下垂以后，更轻松，更舒适了……你觉得更轻松了，更舒适了……"这样，受催眠者就能够进入更深层的催眠状态中了。

意象法：主、客观结合，想象促进催眠深入

意象法就是受催眠者主观的"意"——思维和客观的"象"——自然情景的结合，使受催眠者成为想象的主角，从而使受催眠者进入深层催眠状态的方法。意象法中所描绘的想象可以是任何自然情景。最常利用的意象情景是阶梯、深谷花园和海滨。催眠师的想象力越丰富描述越逼真，就越容易使受催眠者从暗示中想象出其具体的形象。

1. 阶梯法

催眠师进行暗示："想象你现在正站在白色楼梯的最顶端……你看见了红色的牌坊，有阶梯向下延伸……是的，你能够看到白色的阶梯了……看到白色的阶梯以后，请举起你的右手向我发出一个信号……好，现在，慢慢地，一阶一阶地走下这个白色的阶梯……对，一阶一阶地，慢慢地走下去……是的，每向下走一阶，你就会轻松一些……好，一阶再一阶，慢慢地走下去……你感到非常轻松，非常舒适……非常轻松……非常舒

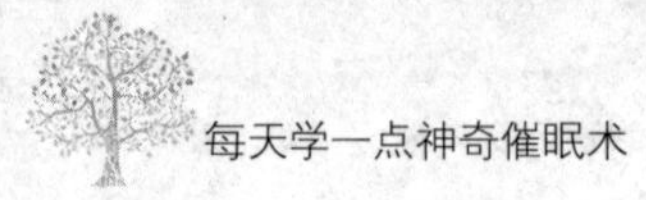

适……渐渐地，你就能进入到深层催眠状态了……是的，一阶又一阶，你终于到了最后的第十阶……是的，一直走到下面去，走到了最后的一阶……渐渐地，你已经进入深层的催眠状态了……进入更深、更舒适的催眠状态了……”

就像这样，以视觉上的想象，利用红色或者白色等能使受催眠者更明确地想象的色彩，或者是在数阶梯的时候明确地暗示出一个终点，使受催眠者能够明确目标，身临其境，这样就能产生非常好的催眠效果。

2. 深谷花园阶梯法

有的催眠师喜欢采用深谷花园阶梯法，这种方法要求受催眠者想象他们正置身于一个非常美丽的花园之中，阳光明媚，微风和煦，鸟语花香，花丛间有蝴蝶在翩翩飞舞，蜜蜂在轻轻地歌唱，脚下的泥土踩上去松软如毯，远处林木葱郁挺拔，灌木丛铺天盖地，高山草甸，蓝天白云，让人心旷神怡……

这种美好的情景安排妥当之后，便指导受催眠者从花园里穿过，一直走到一个通往下面的深谷花园的阶梯前。这时，催眠师再次暗示受催眠者，当他一步一步地走下台阶时，其催眠状态也会随之渐渐地加深。在到达底部时，通常要求受催眠者再走几步，来到一个清澈而平静的水池前面。安排这个水池的主要的目的是，受催眠者可以从水池中看到催眠师所暗示的任何东西，或者看到那些对于自己特别重要的东西，湖水就是受催眠者内心的折射，催眠师此时要求受催眠者详细地描述其所见到的事物，倾听完以后再根据受催眠者本身的情况做出合理的安排。

3. 海滨法

除了阶梯、深谷花园阶梯，还有一种情景经常被利用，就是海滨。想象那美丽的波涛在沙滩上涌散，和煦温暖的阳光洒在身体上，耳边是海鸥清亮而婉转的叫声，脚趾间塞满了醉人的细沙，所有这一切——都能给受催眠者丰富、美好的想象。海滨法和阶梯法的操作程序基本相同，只是暗示的要点在于：使受催眠者将注意力集中到自己的脚步上，每走一步，都感觉到脚又向沙土里深陷了一些，同时也能感到自己越来越深地进入了越来越舒适的催眠状态。当然也可以适当加入一些远处的帆船与微风等细节的描绘，使其更加逼真。在催眠师渲染的环境下，受催眠者被引导一步一步进入催眠状态。

在意象法中，以视觉的想象方法较具有效果。随着上述意念的不断深入，身体不断地放松，受催眠者不久即可进入催眠状态中去。当然，如果将意象法与数数法联合起来使用，其效果可能会更好。这就需要在催眠实践中，催眠师自由掌握，灵活运用。

催眠唤醒：从催眠状态中醒来

催眠唤醒：结束受催眠者的催眠状态

催眠唤醒就是在催眠治疗完成之后，使受催眠者结束其催眠状态并恢复到清醒的意识状态中的过程。让受催眠者从催眠状态中清醒过来，需要一定的唤醒方法，而这种方法就是催眠唤醒。

假如不使用催眠唤醒方法使受催眠者结束催眠状态，而是任其保持原来的催眠状态，通常来说，受催眠者不会在很短的时间内自然醒来。在这种状况下，一些受催眠者会从催眠状态转入睡眠状态，等到睡眠状态结束之后，才会自然醒来。有时，也可能出现另一种情况，就是受催眠者仍然处于催眠状态，但是由于某种比较强烈的声响、动作，或者催眠师以外的其他人强行将受催眠者唤醒，那么很多受催眠者也会从催眠状态中醒过来。但是他们通常会感到不适。因此，催眠师应当本着对受催眠者高度负责的精神，完整地进行催眠过程，结束受催眠者的催眠状态。

其实，在催眠的测试、诱导及深化等方法及操作步骤中，催眠的唤醒方法还是属于相对简单的一种。一般情况下，催眠师会通过一些物理方法、心理学的言语暗示唤醒方法或者自然清醒法，使受催眠者脱离催眠状态，恢复清醒。

假设出现受催眠者的催眠状态较深而难以唤醒的情况，催眠师务必要保持镇定。因为受催眠者没有被唤醒，说明受催眠者进入催眠状态比较深，也可能是受催眠者已经进入了睡眠状态。催眠师务必要仔细观察、冷静分析，耐心地运用催眠唤醒技术使受催眠者顺利结束其催眠状态。当然，如果受催眠者进入催眠状态不深的话，在结束催眠之前，催眠师也务必要将其唤醒，以完成催眠的整个过程。

在受催眠者还处于催眠状态时，催眠师千万不可以突然触碰或突然摇晃受催眠者，否则就会使受催眠者受到惊吓，从而酿成不良后果。

另外，催眠师在对受催眠者进行唤醒的过程中，还要给予受催眠者一些正面的引导。因为在这时，受催眠者正处于潜意识和意识的转换过程中，所以对于催眠师的暗示仍然会有所反应。

言语暗示法

除了物理方法，心理学的言语暗示唤醒方法也是经常用到的、非常有效的方法。因为当我们的头脑处于半意识状态时，是潜意识最愿意接受意愿的时刻，这个时候来进行潜意识的接收工作是最理想不过的了。言语暗示唤醒方法一般是指催眠师暗示处于催眠状态中的受催眠者，受催眠者受到唤醒的暗示，自然就会醒过来。

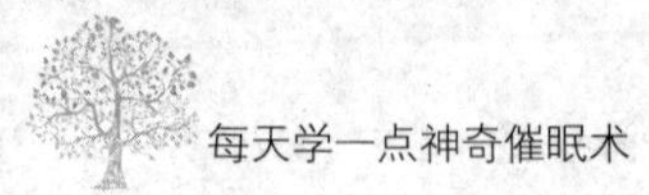

暗示可以随机采用一种。例如，数数法（包含倒计数法）、拍手法、感觉唤回法、音乐法等等。

1. 数数法

有的受催眠者被暗示在听到别人数到5、7或10的时候，就要清醒过来。如果使用这种方法，催眠师可能会需要重复好几次，而且，催眠师必须用清晰的语调大声数数。催眠师也可能在数数的同时拍打受催眠者的手，且边数边给予清醒的暗示。当数完时，就告诉受催眠者要清醒过来。例如："1，你正准备醒过来……2，现在，你正在醒过来……3，你差不多已经完全醒了……4，你已经完全醒了……5，你已经醒了。"如果进行一次还不能使受催眠者完全醒过来，那就接着进行，直至受催眠者完全清醒。

数数法，还可以采用倒计数的方式。例如，催眠师可以这样暗示："我现在开始倒数计数，当我数到1的时候，你就要完全醒来，10……我准备叫醒你……9……你逐渐清醒过来……8……你很快就清醒过来……7……已经清醒过来……6……5……4……1。好，你完完全全地醒过来了。"

这里有两点需要特别注意。首先，假如在催眠深化时，催眠师是在数数且是由小数字数到大数字，那么在唤醒的时候就要用相反的顺序，由大数字数到小数字，即采用倒计数。总而言之，在催眠的深化阶段与催眠的唤醒阶段，数数字的顺序应当是相反的。其次，假如受催眠者进入的催眠状态较深，一次数数的操作不能完全唤醒受催眠者，那么催眠师可以稍微提高声音，再重复进行一次数数法以唤醒受催眠者，直到受催眠者完全清醒过来为止。

2. 拍手法

例如，催眠师暗示："当我拍三下手的时候，你将完全醒来。醒来后，你会觉得非常轻松，精神非常愉快，心情非常安逸。"施加给受催眠者精神愉快、心情非常安逸的暗示，能够使受催眠者清醒后不至于体会到被催眠后身体有异常的变化。假如体会到有什么不适的话，敏感型体质或神经官能症患者，就会立即将这种不适与催眠术联系在一起，就极有可能产生消极、负面的自我暗示。如果催眠师在对其进行催眠唤醒时，对其进行轻松、愉快、舒适等积极、正面的暗示，就会使受催眠者一清醒，就把自己的注意力转移到"精神愉快，心情非常舒适"上。假如进行了一次觉醒暗示，还不能使受催眠者清醒——虽然这只是极个别现象。此时只要催眠师再次使劲拍手说："当我拍三下手时你会迅速醒来，注意我拍手的声音。"连拍三下，受催眠者就能睁眼，完全醒来。这样操作后，几乎没有不清醒的。

3. 感觉唤回法

感觉唤回法是一种借用唤回受催眠者感觉与知觉的方法来唤醒受催眠者的方法。也就是说，通过想象对受催眠者进行催眠强化，让想象的画面根植于受催眠者的潜意识中，让受催眠者在接受观点的同时充满自信。这个方法适用于那些正停留在想象画面中的受催眠者，也就是利用意象法进入深层催眠状态的受催眠者。

例如，催眠师这样暗示："好的……请记住这片迷人的风景……当你以后想回到这里的时候，你随时都可以回来……好，现在沿着你刚才走过的道路，慢慢地走回来……慢慢地回到这间屋子里……慢慢地回到这间屋子里……现在，你又重新坐到了这把椅子上……好的，在下次催眠的时候，你会更深地进入催眠状态……现在，你的感觉越来越清醒了……越来越清醒了，慢慢地动一下你的手指……慢慢地睁开你的眼睛，现在你已经清醒过来……完全清醒过来……回到现实中来……回到现实中来……好，慢慢地站起来，舒展一下你的身体……可以伸个懒腰……非常好，轻轻地活动一下……”

4. 音乐法

假如催眠师在催眠实施的过程中使用了音乐，那么当催眠结束的时候，则可以用更换使用的音乐或者用调大音乐音量的方式来唤醒受催眠者。世界各地有不少的深度昏迷患者，都是靠播放其喜欢的乐曲来加以唤醒的，所以音乐唤醒法也有其独特的一面。

例如，催眠师可以这样暗示：“好的，请记住这放松、愉悦的感觉……以后，当你想要放松的时候，你就会很快地放松下来……现在，我要逐渐调大音乐的声音……在这优美的音乐声中，你会慢慢地醒来……好，音乐声在逐渐变大……你会慢慢地醒来……在这优美的音乐声中，你会慢慢地醒来……回到现实中来……在这优美的音乐声中，你慢慢地睁开了眼睛……慢慢地睁开你的眼睛，回到现实中来……慢慢地舒展你的身体……回到现实中来……完完全全地回到现实中来……”

上面介绍的是几种常用的催眠唤醒方法，具体应用哪一种，需要催眠师在催眠的实践过程中熟练掌握，灵活运用。

一定要注意的是，在进行催眠唤醒时，有可能会出现如下情况：一些受催眠者可能是准备通过催眠来消除疲劳，所以需要一定时间保持安静的休息而迟迟不愿醒来。如果遇到这种情况，催眠师可以对其施加暗示："好，现在你就在这里开始享受这放松而又舒适的状态吧……你会拥有一段时间享受这放松而舒适的状态……从现在起，再过10分钟（或15分钟，20分钟，甚至更长的时间都可以），你就会自然地醒过来。在醒来之后，你就不会再疲劳，心情非常愉快，感觉非常舒适。"这时候，受催眠者就会自然醒来。这时所说的"10分钟"完全是受催眠者内心影响的主观心理时间。在催眠状态下受催眠者一般都会自己主动醒来，催眠师无须顾虑太多。

自然清醒法

自然清醒法有这样两种情况，一种是等待受催眠者自己清醒过来——自醒法；还有一种就是催眠师对处在催眠状态中的受催眠者轻轻地唤一句"醒来"——觉醒法（又称快速自醒法）。尽管一般人从催眠恍惚中苏醒过来不会太困难，但催眠师们还是告诫人们，在催眠一开始时，就应想好在催眠结束以后要采取怎样的方法来进行苏醒。

1. 自醒法

假如催眠师暂时离开受催眠者，那么受催眠者一般都会很容易在一定时间内自行清醒过来，这种情况适用于处于三种催眠状态中的任何一种。也就是说，不论是轻度催眠状态，还是中度或深度催眠状态，都有可能发生这种现象。所以在很多时候，处在深度催眠状态的受催眠者，假如不被唤醒，那么就会转变为正常的睡眠，然后经过正常的睡眠而清醒过来，并且醒后不会有什么不适的感觉，所以不必过于担心。

2. 觉醒法（快速自醒法）

当我们在睡眠时，突然被梦中的情景或因为受到外界的刺激而惊醒，这也是一种自然觉醒，这是常有的事，并没有什么特别之处，也不会留下什么后遗症。催眠状态的觉醒其实也是这么简单。通常来说，要让受催眠者从催眠状态中觉醒过来，催眠师只需要说一声："睁眼，醒来。"就可以了。而即使是对于那些本身就是睁着眼的受催眠者，也只要说一声："好，醒来。"受催眠者也会很自然地醒过来。当然，催眠师用其他语言作为醒复的信号也能奏效。

物理唤醒法

所谓物理唤醒法，就是让受催眠者的催眠状态在一些物理刺激或者力的作用下终止。物理唤醒方法归纳有以下几种。

在受催眠者的前额上轻轻喷气，或者是轻轻按摩受催眠者眼睑及眼球，或者在受催眠者的脸上轻轻拍打，并且同时做让受催眠者清醒的暗示。例如，催眠师在拍受催眠者脸之前会下醒复指令来暗示："当我在你的脸上拍三下时你就会迅速醒来，注意！我要开始拍了。"当催眠师连拍三下，受催眠者就立即会醒来。当然，也可以对着受催眠者大声呼喊，或者做一些其他可以引起受催眠者激烈痛觉的动作。

假如有的受催眠者对大声呼喊及其他物理刺激都不敏感的话，可以对着他们的脸轻轻地喷一些冷水，或把他们的脸暴露在冷空气中，受催眠者对冷水或冷气都会很敏感，与此同时，再配合让受催眠者清醒的暗示指令，就能让他们很快地醒复过来。当然，关于醒复的指令也可以根据具体的情况来自行制定。

最后的暗示：催眠唤醒的注意事项

我们已经学习了几种催眠唤醒的方法，其实，无论催眠师采用哪种方法，都需要遵循以下几个要点。

（1）唤醒过程中，简明扼要地强化所要给予的特定暗示。每一次催眠都有其明确的目的，为了达到预先设定的目的，催眠师会针对受催眠者的状况给予某些特定的暗示。所以在唤醒时，如果能再次强化这些特定暗示，对提高治疗效果非常有利。并且，唤醒时的强化暗示必须简明扼要，尽量用一句话或几个简单词将治疗的关键性暗示表达清楚。

（2）要解除在催眠过程中所给予受催眠者的全部负性暗示。所谓负性暗示就是指那些影响受催眠者正常知觉和活动的暗示。比如手不能动、看不见东西、听不见声音等所有对机体不良的暗示。如果不把这些负性暗示消除，等受催眠者醒来后，就会残留一定程度的负性体验。

在催眠唤醒时，催眠师一定要强调受催眠者的一切功能都已恢复正常。如果有某个负性暗示在催眠过程中比较突出，催眠师还必须对这一负性暗示做一次特殊的消除。

在实施催眠唤醒时，催眠师对受催眠者重复那些解除全部负性暗示的指令，事实上也是对催眠过程中可能出现的疏忽做一些弥补。在催眠过程中，按照常规，应当在负性暗示发出之后，受催眠者就已经对它做出了相应反应，那么催眠师就应当及时消除这个负性暗示。

（3）给予身心放松的暗示。催眠心理治疗的宗旨和目的是帮助受催眠者消除症状，增进心理和生理的健康。所以在进行催眠唤醒的时候，催眠师理应给予受催眠者一些促使心情舒畅、身心放松的暗示，这样能够使受催眠者醒来之后感到很放松又很舒适。

（4）催眠唤醒不能过于急促。一般来说，在进行催眠唤醒前，催眠师需要先给受催眠者一个准备唤醒的指示。例如："一会儿，你将会被唤醒……"然后再逐步将受催眠者唤醒。有一些受催眠者在被唤醒之后仍然感到好像并没有完全醒过来一样，这时，催眠师就必须继续给予暗示。

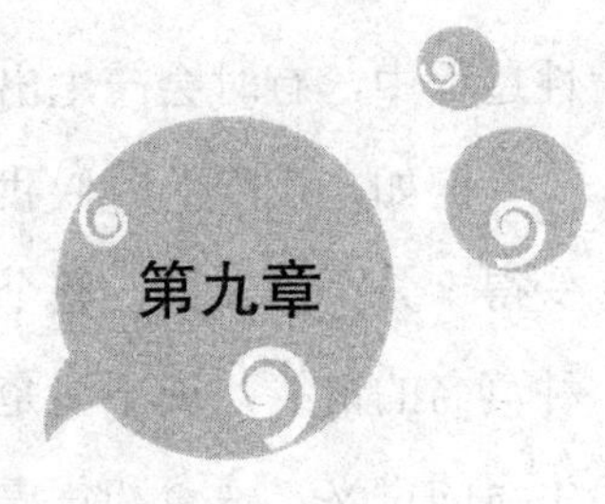

自我催眠，其实一点也不难

自我催眠：美妙的“高峰体验”

我们已经知道，在没有催眠师指导的情况下，我们通过暗示引导自己进入催眠状态的方法被称为自我催眠。现实生活中，很多人不知道，其实我们每个人都经常在不同程度地进行着自我催眠，并且真切地感受着自我催眠美妙的“高峰体验”。

到底什么是“高峰体验”呢？“高峰体验”的概念是由著名心理学家马斯洛提出来的，原意指一种从未体验过的兴奋与欢愉的感觉，处于最激荡人心的时刻，是人的存在的最高、最完美、最和谐的状态，这时的人具有一种欣喜若狂、如醉如痴的感觉。那种感觉犹如站在高山之巅，那种愉悦虽然短暂，但是可能印象深刻，那种感觉是语言无法表达的，因此被形象地称为“高峰体验”。

马斯洛认为，人类的需求可以分为五个不同的层次，在不同的时期表现出来的对各种需求的迫切程度是不同的，最迫切的需求才是激励人行动的主要原因和动力。人的需求是从外部得来的满足逐渐向内在得到的满足转化的过程。人们在实现自我的创造

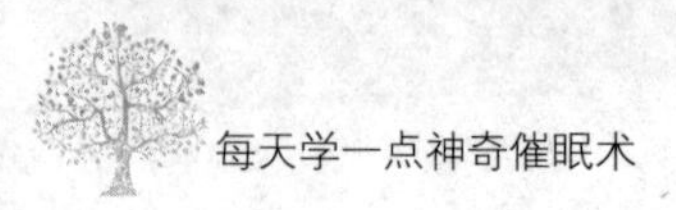

性过程中，有时会产生出“高峰体验”的情感。

例如，夜晚的时候我们在院子里看着满天繁星，内心会突然变得十分平静安详，整个身体变得很轻，内心深处似乎涌动出一种莫名的情绪，说不清楚是高兴还是忧伤，似乎一下子看清楚了生命的意义，疲惫和焦虑刹那间消失了，顿时神清气爽，一切事物看起来都是那么美好。这实际上就是一种自我催眠，或者更确切地说是一类自我催眠，虽然既看不见又摸不着，但却是无处不在地存在着，甚至直接影响着我们的身心。

通过自我催眠更容易进入高峰体验。在自我催眠中，催眠师和受催眠者都是自己，犹如踏上一条平静喜悦而又妙趣横生的心灵探索之路。

人类具有利用自我意识和意象的能力，可以通过自己的思维资源，进行自我强化、自我教育和自我治疗。实际上，日常生活中许多调节身心的运动都是自我催眠的应用，它们都能够带来异常美妙的“高峰体验”，如印度瑜伽、中国气功等。

确立催眠目标：自我催眠的关键

在决定进行自我催眠前，你有没有想过你要通过自我催眠达到什么目的？这个目的足够明确和合适吗？要知道，合适的目标结合正确的自我催眠，会把暗示信息准确无误地传达给潜意识，取得事半功倍的效果。

在实施自我催眠之前，我们首先要想为什么要自我催眠，是为了摆脱疲倦，还是需要减轻忧虑倾向？是想要使自己成为更出色的公众演讲者，还是希望在社交场合更加挥洒自如？

制定目标时需要注意，目标最好都是清楚精确的，简单地说一句“我想要轻松”太过于模糊笼统，也无法对轻松进行精确的度量。同时，还要考虑生活中有哪些方面需要改善，或者应该保持什么态度。目标只有你自己知道是怎么回事，而其他人无法理解，也就不需要担心什么，因为这就是你的需要，你的潜意识会懂得你的心思。

下面这种方法会让你一步步找出现在的你最需要的目标。如果你的目标有好几个，就应该把它们比较一下，找到目前最需要的那个。这些事情最好是在自己处于很放松的状态下进行，这样得出来的答案也会比较准确。选定目标的具体方法如下：

（1）列出自己所有的想达到的目标。把所有目标用一张纸列出来，并用数字随意进行排列，一般先排10个左右。如果一时想不出来也不用着急，可以随想随记，比如你可以这样写：让自己的工作压力减小一些；买一部新的相机；通过英语六级考试。

（2）进行自我催眠。选择最舒适的姿势坐下，准备好目标列表、图表、笔，这样就可以进行自我催眠了。但是要注意，此时还不能立刻完全进入真正的催眠状态，当你感到非常放松或者有沉醉感觉时就应该睁开眼睛。一般人只要能够专心听首轻音乐，就可以很轻松地进入这种放松的状态。

把所有目标进行两两对比，在每次两个目标的比较中，选出一个你认为相对来说较为重要的，需要优先达到的目标。每个人选择的标准可能有所不同，通常来说有两种标准：自我感觉和实际情况。前者相对比较感性，后者相对比较理性。但是在催眠中并没有高下之分，而是要具体情况具体分析。两两对此后，最终的一个就是你最需要达到的目标。

量身定制暗示语：简洁与重要重复

在确定了想要通过自我催眠达到什么样的目标后，我们就可以为自己量身定制暗示语了。由于是自我催眠，从催眠诱导到深化到唤醒全部是自己进行的，而我们对自己的喜好是了如指掌的，所以可以为自己设计出与其他所有人都完全不同的、完全属于自己的一套暗示语。这就是自我催眠的一个最大特点。在这一步里，我们要认真遵循一定的指导方针。

（1）简洁。当你被自己催眠时，清楚、迅速地理解被暗示的内容对你来说是相当必要的。直接暗示不应该被包含在冗长的独白中，很多病人对直接暗示更能有效地反应。想象力不是很好的人也可以对直接暗示进行吸收并做出反应，然后所做的规划就能够实现。

（2）重复暗示。重复也是非常重要的，甚至可以说是催眠过程中最重要也是最常用的手段，因为它能帮助你循序渐进地增强暗示、延续保留暗示的时间。当你反复接受同一信息，暗示就会变成本能的行为。你会自动、自愿、轻而易举地实施。不管你要暗示什么，你都要至少重复3遍，之后还可以用同义词、近义词等方式再次进行重复。这一特定方式的强化适于使用渐进的放松诱导，比如这种暗示会比较适合：“你感觉完全放松，感觉平静、随意、满足。”

（3）可信且渴望。你需要的目标最好是认为自己能够完成所暗示的目标，你必须希望去那样做。如果你认为自己还不具备改变暗示目标的能力，即使你并不想放弃，但你的潜意识里可能也会抵制它。进一步说，如果你的真实想法其实是不想通过律师考试、不想减轻体重或不想成为有影响的公众演讲者，那即使你对自己发出了暗示也只能是表面上的。

（4）制定期限。你可以不必为自己制定严格的行为改变时间表，但你需要在一个合理期限中，指出期望发生某些改变的具体时间。如果你想指定一个立即发生的行为，就用"现在""不久"或"马上"等有效的词。短暂的时间期限也可以用如下方式进行指出："不久，你就能回忆起梦中让你害怕的情景，然后情景十分清晰。""马上，你要举起你的手。""很快，你的手发麻，没有知觉。"

在进行一些剧烈运动或创造性活动的想象时，指定一个期限特别重要。否则，一个反应强烈的人可能会持续精力旺盛直到筋疲力尽，不必要地浪费了时间和精力。而且最好一次暗示限定在一个问题上。如果一次想完成太多改变或突然重新安排生活的几个方面，只会分散其中每一个暗示的效果。

简单地说，就是你不能同时戒烟和减轻体重，你也不能同时在两三个月内消除失眠和恐慌症。实际上，同时完成两个目标并不是不可能的，但是那将使自己不堪重负，你根本没有必要让自己超负荷，不要把催眠治疗变成神奇运转的齿轮，你也不是可以永不休息的机器。

（5）把主要目标分解成一系列的增强暗示。催眠暗示如果可以直接指向要达到的行为或目标，这个暗示才能算是有效的。

分析你的主要问题和最终目标，比对问题进行次要的改变要重要得多。

当你从一个暗示中获得了一点点成功，那任何人都要继续激发自己的潜能，增加原来的成功。并且你这么做的同时还能够保持微笑，因为你意识到违背自己利益的行为越少，你往返路途上的压力也就越小。你也会认识到，在高速公路上表现得大方一点并不会影响你往返的时间。所谓“欲速则不达”，是很有道理的。成功是一种连锁反应，会引爆继续的成功。所以在开始时，保持适度暗示，以此加强，结果会更加持久。

（6）使用肯定和一致的词语。在进行暗示时，尽量使用简单、简短和直接的陈述是非常必要的。要想进行肯定暗示的叙述，可以进行如下练习：将你在生活中想要改变的行为简单、单一地陈述出来，可以谈及需要减少或消除的任何习惯。

（7）避免引起思考的放松暗示。在诱导的开始阶段，放松具有非常重要的意义，要保持暗示安全以避免引起思考。典型的安全暗示是：“放松，漂移到一个相对放松的舒适状态，就感觉到你的整个身体放松……”

（8）排除有害暗示。有些暗示是用来检测暗示感受性或增强想象的。例如，催眠师暗示受催眠者手臂随着气球升高。如果催眠师之后忘记消除这些不必要的暗示，病人在醒来后还会再次感受到胳膊被提起、向上漂浮。

排除干扰，提高自我催眠成功率

在尝试自我催眠之前，有必要做一些准备工作来提高自我催眠成功的概率。

首先，一定要保证自己处于一个进入催眠状态时，不会受到任何人、任何事物打扰的安静空间里。当然，在有了足够的经验之后，你也可以在嘈杂或者存在干扰的环境里进行自我催眠，但是在刚开始学习、实施的时候，你必须确保你的手机、CD机以及任何其他的干扰源都被关闭。如果屋里还有别人的话，必须让他明白你不能受到干扰。如果你在催眠中使用CD，请尽量使用耳机，这样可以帮助你完全隔断那些外在的噪音。

接着，你就要为自我催眠选择一个自己觉得最为放松、最为舒适的姿势。你可以坐在椅子上，而且椅子最好不会松动或滑动，你也可以躺在沙发上、床上或者铺有柔软毯子的地板上，要使自己尽量轻松舒适。必要的时候，你还可以用垫子和枕头，因为你可能需要静止地躺上或坐上半个小时左右。此外，不要忘了在催眠开始之前去一趟洗手间，以免到时候“内急”干扰催眠的正常进行。

然后，在进行自我催眠之前做一些轻柔的伸展运动，拉一拉肩膀、后背，扭一扭头颈，甩一甩胳膊以及腿部的肌肉。这些活动能够有效地促使你放松身体，使你易于进入催眠状态，而且可以防止你在催眠状态下出现肌肉痉挛的意外情况。

催眠时的穿着并不是很讲究，什么都不穿也未尝不可，但是所穿的衣服必须要宽松舒适。应该解下领带、皮带，摘下你的手表以及耳环、项链等饰品，否则它们可能会使你在躺下或者端坐的时候感觉到不舒适。如果戴眼镜，则还应该取下眼镜，而隐形眼镜也最好先取出，以免在自我催眠结束之后戴着隐形眼镜进入睡眠。

另外，你还可能需要一个定时器，它可以使你只在规定的时间里处于催眠状态。当然，如果你是在睡眠之前进行自我催眠，那就不需要定时器了。关于这一点，你不用担心你会在催眠之后难以醒过来。因为那个定时器只在你快进入睡眠状态又不想睡着时才会发挥作用。有一点需要注意，定时器的声音不能太响，否则它会吓你一跳。

自我诱导最常用的媒介：录音

当你已经找到了一个感觉最为轻松舒适的姿势，一切准备工作就绪之后，就可以开始进行自我催眠了。但是，到底怎么样才能让自己进入催眠状态呢？这个过程被称为自我催眠诱导，或称自我诱导。

和催眠诱导一样，自我诱导也有很多方式可供选择，但其归根结底是要分散意识的注意，让潜意识能够发挥主导作用。自我催眠与他人催眠的不同之处在于，诱导必须由自己来完成。多数催眠师认为两种本质上都是自我催眠，所以自我诱导的成功并不存在障碍，只是进行诱导的媒介、方法稍微有一些差别。

自我诱导最常用的媒介就是录音。录音的暗示语可以自己来编写，也可以在其他录音内容的基础上进行改写。你可以用MP3

或者电脑进行录制，加入你喜欢的背景音乐，也可以让催眠师为你提供录音，或者在市场上购买现成的CD。这样，你就可以听“外在”的声音，不用和自己说话或者借助想象的方式而将自己导入催眠状态，但是这样做也有潜在的问题，录音的诱导速度可能会太快或者太慢，不能完美地配合你进入催眠状态的速度。

自我诱导的另一种“媒介”，就是意识，或者是其他可以吸引自己注意力的物体。这种情况下，你可以控制诱导的进程。从理论上讲，“有意识”地让自己进入“催眠状态”似乎听起来很矛盾，但是在实践中，由于我们很自然地能让一部分头脑与另一部分分开，因此用自己的意识进行自我催眠是完全有可能的。

不论你在自我诱导中是让催眠师为你录音，还是买现成的CD，你都需考虑什么语汇是最适合自己的。直接诱导是告诉你在哪里要做什么，感觉如何，比如“现在，你感觉很轻松，你感觉到你的双腿在放松”。而间接或者非强制性的诱导会比较随和，同样的例子可能会说成“你也许会感觉到自己有些放松，可能也意识到自己的双腿在放松”。两种诱导方式不分对错，无所谓好坏，因人而异。总之，在自我催眠前，我们要知道自己对哪一种暗示的反应更好，选择适合自己的方式去催眠。

自我催眠的再唤醒与深化

一旦进入催眠状态，接下来就要深化催眠，然后对潜意识施加暗示。我们将对这两个步骤做简要的讨论。但是，在接受暗示之前，你还是有必要练习如何进入和退出催眠状态，所以我们

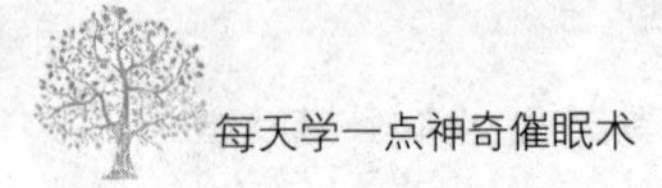

首先要谈谈再唤醒。

自我催眠的再唤醒。“唤醒”与“再唤醒”是催眠学中常用的语汇。再唤醒是一个简单的步骤。如果你用定时器，则只需要告诉自己，当定时器报告时间到了的时候就要准备起来并慢慢醒来或恢复平常的知觉，或当你从1数到10后就会醒来，感到身心放松。而在没有定时器时，也同样暗示自己从1慢慢数到10（或任何其他数字），同时逐渐平静地从催眠中恢复，并暗示当数到10的时候，你醒来并且头脑十分清醒。

如果你采用楼梯或其他的诱导方式，那么你可以想象自己重新登上了楼梯（或走下楼梯，视情况而定），你将要暗示自己，当重新走上楼梯（或走下楼梯）时，你将缓慢地从催眠中清醒过来，而当到达楼梯的上端（或下端）后，你会完全恢复、精神抖擞。

自我催眠的深化。在进入催眠状态之后，就要深化催眠。深化催眠并不奇特。通常来说，催眠的层次越深，效果就越好。好的催眠深化方式往往会借助到周围的环境。虽然你会尽量找安静的地方进行自我催眠，但是没有一点噪音是不太可能的。在催眠状态下你可能会听到各种各样的噪音，这些噪音并不完全是阻碍催眠的东西，相反它们可以被用来帮助增加自我催眠的深度。暗示自己当每次听到飞机飞过或狗叫时，你将会进入更深层次的催眠状态。这种深化方式影响力非常大。虽然大部分催眠的意图能在相对较浅的催眠状态下实现，但是深化催眠可以让你了解不同催眠层次之间的差异，从而你能更好地体验催眠状态。而你对自己催眠状态的感觉越熟悉，自我催眠的能力也就变得越强。

深化催眠和催眠诱导的方法很相似。数数字就是个大家熟悉的例子，暗示自己每数到一个数字，你将进入更深层次的催眠状态。还比如说楼梯，你可以暗示自己在底层重新再开始攀登或在楼梯上往下走新的一层。

最舒适优雅的自我催眠：放松法

放松法的自我催眠算是最舒适的一种，它适用于那些平时压力比较大的人群。它可以让人在舒舒服服的放松中感受那美妙的体验。放松法最好以平躺的姿势进行，最好在身上再盖一块薄毯。

首先做几个深呼吸，让自己平静下来。想象有一股暖流从头顶缓慢而舒适地流下来，待流遍全身时，你可以这样对自己说：

“暖流缓慢而舒适地流过我的头顶，让我的头皮很放松……头盖骨也放松……这股缓慢而舒适的暖流流过眉毛，让眉毛附近的肌肉很放松……让耳朵附近的肌肉很放松……

“暖流缓慢而舒适地流过脸颊附近的肌肉……让下巴的肌肉很放松……下巴平时承担了吃饭、咀嚼、说话的压力，现在就把它彻底地放松下来吧……整个头部都沉浸在这股暖流里，温暖而舒适的暖流，让头部如此地放松，安静……

“暖流继续缓慢而舒适地流过脖子……放松了喉咙附近的肌肉……暖流流过肩膀……肩膀平常承受了太多的紧张、压力与重任。现在，就把它们都彻底地释放掉吧……

“暖流流过左手……流过右手……流过整个手臂、手掌，一直流到每一个手指，完全沉浸在这股暖流里，如此放松、温暖……

“暖流继续流过胸部，让胸部的骨头、肌肉都放松了……暖流流过背部，让脊椎与背部肌肉都放松了……暖流缓慢而舒适地流过腹部的肌肉，毫不费力，然后呼吸会更加深沉、更加轻松……

“这股暖流流过左腿……流过右腿……让腿上的肌肉一股一股地放松……这舒适的暖流一直流到脚踝上、脚掌上，流到每一个脚趾头上，非常舒适，非常温暖，非常宁静……继续保持深呼吸，每一次呼吸的时候，都会感觉到自己更加放松、更加舒适……

“一点一点地，就进入到非常舒适、非常放松的催眠状态里，整个人就像一个大大的棉花糖，像一朵轻松舒展的白云，进入这样放松、美妙的状态里……已经进入催眠状态了……”

操作要领：放松法需要你真切地关注自己身体的感觉。有些人会觉得这样很难做到放松，那么，你可以简单地想象有一台心灵的扫描仪把自己从头到脚扫描了一遍，看看自己还有哪里没有放松，那么就都让它完全地放松下来。而对于那些不容易放松的部位，你可以对自己多暗示几次，充分放松之后，再进行催眠状态下积极的暗示。

最简单易学的自我催眠：静坐法

静坐法可以说是最简单易学的一种自我催眠法。选择一个安静、无人、温度适宜的场所，将灯光调至自己最喜欢的柔和度，甚至带一点浪漫的昏暗，放上自己喜欢的音乐，点上喜欢的熏香。在这样的情境中，使自己进入催眠状态，真可谓是优雅动人的行为。

静坐自我催眠法是可以随时随地使用的，能够很好地提高注意力，提高各个感官的感受能力。

静坐法，顾名思义，当然是要采取坐姿。选择一个自己觉得最为舒适的姿势，双脚自然地放在地面上，双手自然地放在自己的大腿上，背部自然地靠在椅背上。

静坐法通常可以这样进行：

只是静静地坐着，静静地感受自己的呼吸……静静地坐着……静静地感受自己的呼吸……随着每一次呼吸，整个人变得越来越平静、安宁、祥和……变得越来越平静……越来越平静……一边深深呼吸，一边默默地数数，从1数到100，越数越慢，越数越平静，直到你觉得整个人就只有呼吸的感觉，只有气流流过鼻孔、鼻腔、气管、肺部的感觉……1，心情变得越来越平静……2，心情变得越来越平静，感觉越来越舒适……3，越来越平静，越来越舒适……4，现在，心情非常平静，随着你的呼吸，心情变得越来越平静……5，随着每一次呼吸，心情变得越来越平静……6，现在，心情非常平静，非常舒适……7，静静地感受自己的呼吸，心情变得越来越平静……8，静静地呼吸，越来越平静……9，静静地呼吸，随着每一次的呼吸，心情越来越平静……10，越来越平静……11，非常平静……12，非常平静……13，越来越平静……14，平静……逐渐地，你会忘记自己数到哪个数字了，好像全世界就只剩下了那种静静呼吸的感觉，在这时，你已进入了非常安静、非常轻松、非常舒适的催眠状态了。

这个方法能带领你自己进入比较深的催眠状态，内心会浮现出一些非常美妙的意象。不过，在进行这个自我催眠方法的练习时，最好能有催眠师针对自己的具体情况给出指导和建议。

最妙不可言的自我催眠：想象法

想象法适用于想象力优秀的人，你可以根据自己的喜好，开始想象不同的场景，但最好是你曾经去过的，或者一直想去的地方，如清晨的山顶、迷人的海边等。尤其是当工作疲劳或压力过大时最适合使用想象法，只要根据自己的需要来进行想象，一定就可以获得美妙的催眠体验。

最好在一个安静的、光线较暗的房间中进行想象法的自我催眠。将身体靠在沙发上或者躺椅上，全身放松，将眼镜、领带、手表、项链、戒指等取下。如果喜欢，也可以放一些轻柔的音乐。

想象法一般是这样进行的，想象眼前有一片云雾，云雾上空是太阳。云雾代表障碍、压力、疲劳和困难，太阳代表成功、创造和智慧。太阳最初比较朦胧，以后云雾会逐渐消散，太阳变得明亮，放射出自由、幸福、美好的光芒。步骤如下：

“现在缓缓地舒展一下身体……做几个深呼吸……慢慢地闭上眼睛……闭上眼睛以后，继续缓慢地呼吸……呼吸……呼吸……心情随着呼吸渐渐平静……非常平静……非常舒适……数三下，1，2，3，眼前出现了一片云雾，云雾在身体周围缭绕，看见了云雾、云雾……右手的小指动一下，数三下，1，2，

3……这些云雾对生活、学习等，构成了障碍……它代表着不满、失败、压力、挫折、疲劳，它影响了生活……这些云雾让人感到困惑，感到为难，使自己感到不快……而现在，在这些云雾的上空，出现了太阳……太阳有些朦胧，有些看不清楚。

“阳光逐渐变得明亮，它代表了成功、创造和智慧，你看见阳光渐渐地穿过了云雾……云雾开始慢慢地蒸发，而你自己的双肩也开始感到轻松……太阳照射云雾，强烈的阳光将云雾完全驱散了……驱散了，只剩一轮红日……太阳光照在身上，暖洋洋的……太阳光照射进大脑中，你的大脑中也是一片光明……一片光明……把这些太阳光分别命名为‘自信力’‘集中力’‘创造力’‘成功力’以及自己所希望的名称……

“你把太阳光充分地吸收进体内，使你身体里充满了光明，甚至开始发光……现在你数20下，1，2……20，慢慢地睁开你的眼睛……慢慢地回到现实中……苏醒，完完全全地回到现实中……一切恢复清醒状态。”

自我检查：确定自己进入催眠状态

通常情况下，第一次尝试自我催眠的人总是会怀疑自己是否真正进入了催眠状态。令他们感到困惑的问题是自己仍然有意识而且头脑清醒。这是真正的催眠吗？这个问题的答案是：这当然是催眠。在你的恍惚状态中，主要的生理现象就是深度的松弛感。尽管你的意识非常平静，但是仍然会有知觉。

其实，从正常清醒的意识状态到催眠状态的变化是一种非

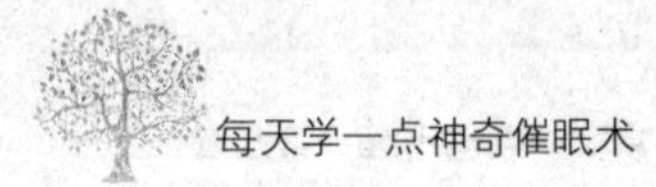

常微妙的过程。人们总是全然感觉不到这种转变，以为自己没有成功进入催眠状态，进而怀疑自己的能力，这样就可能适得其反，得不偿失。那么，你可以参考如下3种现象来判断你是否成功地进入了催眠状态。

1. 注意有没有你所暗示的这种改变

你应用了引起放松的暗示之后，放松的现象的确出现了，比如你变得非常专注于你的深层放松的感受。如果有了这种改变，那就说明你正在逐步进入催眠状态。

2. 注意这种改变的程度

你真切地注意到了，感觉到了，你的那些身体感觉的暗示，如冷、热、轻、重、颤抖等产生的效果越来越明显，好像你真的有了这些感觉一样。比如，你暗示“我的手臂变得非常沉重，抬不起来”，这个时候你感觉到它是真的非常沉重，真的不能抬起来了。如果有了这种感觉，说明你的意识状态发生了变化，你已经成功地进入了催眠状态。

3. 注意是否产生时间错觉

在进行自我催眠的时候，当你第一次闭上眼睛之前，应该看着时钟，并且记下来（如9点整），当你快要结束催眠，最终睁开了眼睛之后，再立刻看一眼时钟（如9点15分）。然后进行比较，实际所用的时间是否比你想象或者感觉所用的时间要长或者要短一些，因为对时间产生错觉是检验是否进入催眠状态的明显标志之一。

催眠不是什么神奇的魔法，在真正经历过催眠之后，你会感觉到催眠其实是十分轻松、自然的一种状态。催眠以后人们的感觉并不是完全相同的，每个人的知觉会存在或多或少的差异，而且进入催眠的层次越深，体验也就会越不一样。在练习自我催眠的时候，你可以体会在催眠的不同阶段分别出现的感觉。

持久训练：自我催眠效果的秘诀

当进行了一段时间的自我催眠后，你可能非常想知道自己所期待的那些结果、那些目标在什么时候或者如何才能表现出来。对于不同的人来说，结果出现、目标实现的时间和方式是不一样的。不过，其中有一些信号和特征是所有人都可以看到的。

一般情况下，在进行3～5次的自我催眠之后，你的态度和行为就会出现明显的改变。也就是说，当你使用同一套暗示语并且在连续几天时间内重复进行了3～5次的自我催眠术，那么你肯定就会收到比较明显的自我改善方面的效果。当然，对于另外一些人，可能只需要使用1～2次，就会有惊人的效果出现。即使你属于对催眠敏感度较高的后者，仍然需要使用多次，以便效果更佳、更稳定、持续时间更长。

医生在给病人开药方时通常会遵循“剂量最小化原则”，那就是要求用最小的剂量来达到最佳的治疗效果。倘若服用较多的剂量却收到了一样的效果，便有些“画蛇添足”的意味了，而且过量的药物甚至可能会对人体产生副作用。而自我催眠却是不同的，你越是不断地坚持练习，就越能熟练地掌握催眠技巧，你达到的效果也就越是有效和持久，而且对身体完全无副作用。

如果在使用了自我催眠术十几次之后，仍然看不到任何效果该怎么办？不必紧张和怀疑，也不必忧虑和焦急，你需要冷静下来找一找原因。我们要先看看自我操作过程中有没有失误，自己有没有真正进入催眠状态。再看看你的目标与你为目标所编写的台词是否相符，你的暗示语的编写是不是规范。假如你的目标是与生理、心理疾病有关的，经过多次自我催眠练习后仍发现没有效果，那么你应该果断地停止催眠，立刻去咨询相关医生，请专业的医生来协助你进行治疗。这样才是理性的态度。

催眠是循序渐进的，效果也是逐渐体现出来的，这个体现的过程有时候是很缓慢的，只有极少数人只通过一次催眠就能达到自己想要的效果。自我催眠总是会让我们悄悄地发生改变，直到后来的某一天，当你获得催眠的高峰体验时候，你才惊喜地发现自己的确已经改变了。

学点催眠术，轻松应对身心问题

让你睡得香甜

每个人每天有三分之一的时间是在睡眠中度过的，睡眠在某种程度上决定着人们的健康。研究表明，良好的睡眠可以使人消除疲劳，恢复精神与体力，保持良好的觉醒状态，提高工作与学习效率，延长寿命。睡眠质量下降常会引起困乏嗜睡、精神萎靡、头昏心慌、注意力分散、思考困难、记忆力减退、反应迟钝、情绪低落焦躁等症状，这种病症就叫失眠症。

长期失眠，会使免疫力下降、头晕眼花，并可能引发高血压、糖尿病、心脑血管等疾病。而有关调查表明，中国约有几亿成年人患有失眠等睡眠障碍。引起失眠的常见原因是焦虑恐惧、精神紧张、担心失眠。躯体因素、药物因素也是造成失眠的原因。

此外，如疾病、不良的睡眠习惯、遗传因素、生活里发生的事情、人格特性等都可以成为引起人持续失眠的原因。某些人失眠是由比较严重的心理困扰引起的，需要找专业的心理医生进行心理治疗，而对于一般的焦虑、紧张及其他原因引起的失眠来说，催眠治疗是最适合的，而且可以立刻获得成效。

在自我催眠所有的方法中，下楼梯法是一种对睡眠很有帮助的方法。首先用催眠引导技巧渐进式放松法，让自己进入催眠状态。然后在内心暗示自己：

我现在要睡觉了，我会睡得很好，睡得很熟，明天X点起床时，整个人就会精神抖擞，充满活力。

现在，我会从楼梯上走下去，每走一道阶梯，我就更接近睡眠状态，当我走到第二十个台阶时我就会睡着了。

接着就在内心想象自己慢慢走下楼梯，每走下一级，就感觉自己更放松，意识更恍惚、轻柔，这样一来，很快就会睡着了。

对于失眠不严重的人来说，自己使用自我催眠的方法就会很有效果。但是那些失眠症非常严重的人则必须联系催眠师进行催眠了。

轻松摆脱烟瘾

美国幽默大师马克·吐温曾说："戒烟其实很简单，我都戒过上百次了！"在吸烟者的庞大队伍中，想戒掉烟瘾的人的确不少，但成功戒烟的人少之又少。很多吸烟者都知道吸烟带来的危害，但就是没法戒除烟瘾。这样的人不妨试试用催眠戒烟，也许会带来意想不到的效果。

通过心理疗法对吸烟者的效果一般都很好，因为吸烟更多的是由心理因素所引起的一种替代性行为而非对尼古丁的依赖。下面我们将介绍用催眠的方法来帮助人们戒烟。

催眠师诱导受催眠者进入催眠状态，并对其施加催眠暗示。

首先，催眠师施加暗示："现在，你已经进入中度催眠状态，你的身心已完全放松，你的感觉也非常灵敏，为此，你感到特别轻松和愉悦……"

其次，让受催眠者在头脑中想象自己正点上一支烟，或者实际上就让受催眠者抽着烟，然后对受催眠者暗示："现在，你正抽着烟，和往常一样你感到香烟的味道很好，很美妙……"

再次，让受催眠者在头脑中想象正点上一支香烟，或者实际上就让受催眠者抽烟。然后，对受催眠者暗示："现在，你正在抽烟。不过，这一次和刚才不一样，和以往也不一样，香烟的味道很苦、很呛，非常不好受……好的，现在你继续吸烟，这次味道更苦涩了，更令人难受了，你体验这种苦涩、难受的感觉。好的，现在你口腔里的味道令人难以忍受，这全是吸烟的恶果。现在你肯定已经不想吸烟了，自己实在不想吸的话，就把烟扔掉吧……现在你扔掉了烟，所以心情特别好。今后，你也不想吸烟了，并且一想到吸烟这件事，口腔里便产生苦涩感，心理上也会出现厌恶感……"

最后，再对受催眠者进行一些有关吸烟危害健康的指导。这些指导中最好多加入一些数据和实例的说明，这样可以把"香烟极度危害健康"的意识深植在受催眠者的潜意识中，并且在受催眠者醒来之后对他再次强调香烟的危害。

戒烟一段时间后，受催眠者可能会再度萌发吸烟的念头。这时，如果个人意志力比较强，能够自我克制，戒烟就可以顺利成功。如果就此松懈，有可能烟瘾会比原来还大，而且也给再次治疗加大了难度。

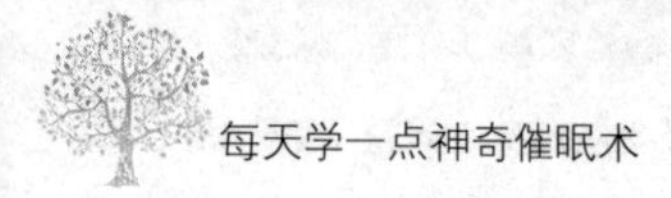

帮助控制饮酒量

酒是我们日常生活中常常见到的一种饮品。自古以来，世界各地许多民族都有喝酒的习俗。中国古人把酒称为“天之美禄”，意思就是酒是上天赐给人们的一件美好的东西。古往今来，文人墨客写下了无数赞美酒的诗篇。中医认为适量饮酒能促进血液循环、通经活络、祛风湿，现代西方医学也认为适量饮酒有利于人体健康。但如果长期过量饮酒甚至酒精成瘾，则会导致许多不良后果，轻者有损个人健康、危害家庭和谐，重者导致家破人亡、影响社会安全。

长期饮酒过量酒精成瘾的症状被称为“酗酒症”，导致“酗酒症”的潜在原因要比导致吸烟的原因更加复杂多变，其中包括抑郁、缺乏自信以及在社交情形下缺乏安全感。催眠可以解决其中的一些问题，比如可以让患者在社交时感觉更加自信，从而消除喝酒“壮胆”的冲动。在一些病例中，催眠已经成功地帮助酗酒者戒酒，其方法就是在多次催眠疗程中通过暗示帮助患者建立自信心，与患者潜意识沟通，暗示患者已经对喝酒失去了兴趣。

无论是对于酒精成瘾的人还是对于因社交应酬多而不得不喝酒的人，通过催眠来控制他们的饮酒量都是一种很好的方式。

对于因为社交应酬而不得不喝酒的人，可以采用这样的方法控制饮酒量：

先将自己导入催眠状态，然后进行自我暗示。“现在，我的身体很放松、很舒服、很平静，我没有一点烦躁不安，每天过得充实而愉快，就算不饮酒我也能一样过得很好。我知道，饮酒过量会导致肠胃、肝肾、心脑血管等器官和组织产生病变，而且还会使人记忆力减退，情绪抑郁、焦虑等，我的家人和朋友还会因为这个而不开心。我不想这样，所以从今天开始，我会开始控制饮酒量，避免让自己和家人不开心。现在只要我端起酒杯，我就会感到酒是苦涩的，苦得让人难以下咽，喝酒的欲望完全消失了。我会放下酒杯，告诉别人我喝不下了……”

对于因为酒精成瘾而需要戒酒或控制饮酒量的人来说，催眠方法和戒烟的差不多。轻度的可以自己进行自我催眠，中度的就需要采用他人催眠法，只是具体暗示的指导语会有所不同罢了。

消除焦虑，身心轻松

生活压力、工作压力等因素已经成为现代都市人精神紧张的重要原因，而现代人似乎比以往任何时代的人都更容易出现各种各样的焦虑症状。因此很多人认为，焦虑是因为生活压力和工作环境等外界因素引起的，而实际上，焦虑主要来自焦虑者的心理活动。很多情况下，我们完全不必焦虑，但是我们仍然出现了焦虑症状。

一般来说，焦虑是因为我们过高地估计了危险或压力。在我们过高地估计危险、不断地预测灾难时，我们的焦虑感会大幅度增强。在这种情况下，我们可以通过催眠来消除焦虑。

第一，通过深呼吸来放松身体。闭上嘴，舒缓地深吸一口气。屏气一会儿，然后缓慢而顺畅地呼气，尽可能地呼出体内的气体。暂停一会儿，把注意力放在暂停上，然后又吸气。目标是

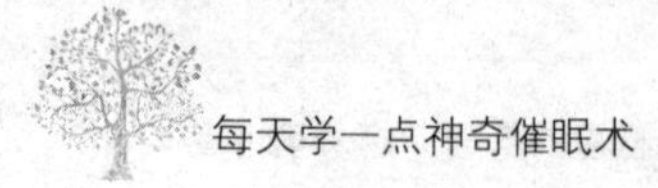

缓慢、深而完整地呼吸。深呼吸会阻止你的呼吸加快。

第二，扫描体内所有的紧张感。你的脖子和肩最有可能紧张。如果发现肌肉紧张，就放松。如果你无法放松，就使肌肉尽可能地紧张。如果你能增加肌肉的紧张感，再放松时，你也就能减轻肌肉的紧张感。在紧张和放松你的肌肉三或四次后，你的紧张感会明显地减轻。

第三，停止想法。当头脑里开始出现焦虑情绪的苗头时，我们可以马上在内心大喊一声“停下！”这个没有喊出来的声音会让焦虑情绪不再蔓延，这时我们可以迅速地用暗示语安抚焦虑情绪。

第四，暗示语。记下自己所有焦虑情绪下的心理活动和身体反应，并对每一个心理活动和身体反应写下简短的对策。例如对于“飞机会坠落”的焦虑情绪，你可以写下：“统计数据表明，飞机失事的概率比火车、汽车失事的概率，甚至比出门被车撞的概率都要小得多。”总之，对事情做现实的评价是处理灾难性预测的最好方法。另外你可以嘲笑一下上一次类似的没必要的焦虑情绪，这样可以让焦虑情绪降到更低。

第五，平静地接受焦虑带给你的感觉。与自己的感觉对抗只会让我们的焦虑感更加强烈。只有平静地接受自己的焦虑感，才能让它结束得更快。

让你告别拖延症的催眠术

以下指令的目的是为了激发出你的动力，从而去完成一些平常看似艰巨的任务。

“从现在开始我将非常有效率地完成自己的每项工作。我愿意并且会为我自己设定一个目标，按着时间计划逐步地完成它们。我将会考虑到每一件重要的事情，无论是私事还是公事，我都能肩负起自己的职责。我不再延误自己该完成的任务。我可以做好每一件事情。我不会再耽搁选择从事的任何活动。

“当我觉得有一些事情需要处理时，我会很快地做出反应。不管是处理一些小事还是大的任务，我都感到非常轻松。因为我知道自己能非常有效地去处理好它们。在平常的生活中，我将会做更多的事情。该做的工作，我会去做……一步一步地做好每项工作。我会把一个庞大而艰巨的任务分成若干简单细小的部分，然后在一定的时间内，按计划去完成它们。我现在觉得面对任何的问题都很轻松和信心十足，不再感觉很有压力了。一些东西可能令人不很愉快，但我知道开始得越早，完成得也就越快。我要马上开始行动以便能及时地完成任务。一定要完成任务……这样一来我就可以做下一个自己喜欢的工作了！再也不用回头去想它了。

“我设想自己正在厨房。这里有好多的脏盘子脏碗等着自己动手去洗。虽然我更想去看会儿书或是电视什么的，但最后还是决定去洗碗，一个一个地洗。起初觉得好像很麻烦，因为有这么多的脏盘子脏碗。但我发现当自己一个接一个地洗完它们的时候，浑身立刻充满了无比的满足感，因为待洗的盘子和碗已经不是很多了。我越洗就越是觉得满足。

“因为我知道马上就要完成全部的工作了。这是我需要自己去完成的任务，同时也是我自己的真正幸福所在。我看到现在只剩下一个盘子需要清洗了，当我洗着它的时候，感觉即将要无事

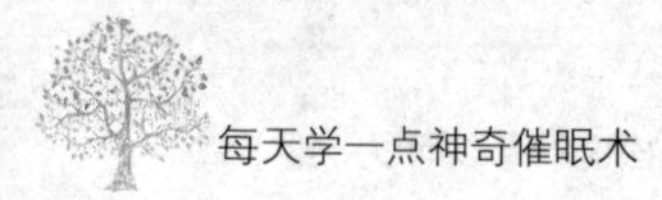

一身轻了，这可真是极其美妙呀！这项任务并没有原来设想的那么难，我可以轻而易举地去应对……现在我终于可以去看自己喜欢的书和电视节目了，或者也可以做一些别的事情来给自己一点小小的奖励。

“我现在不再拖延。我可以应对生活中的任何事情和情形。我逐渐地感到有能力去处理好每一件自己该做的事情。我总是及时有效地行动。所以，我总是有时间去做自己该做的和自己想要去做的事情。”

唤醒：“我从1数到5，就会让自己从催眠状态中清醒过来。当我数到5的时候，我将会变回原来的活跃状态，全面清醒。1……开始从催眠中醒过来。2……开始感知到周围的事物，有一种满足感、安全感或舒适的感觉。3……期待着催眠给自己带来满意的结果。4……感到乐观，精神振作。5……现在全部清醒了，又恢复活力了。”

从重度疲倦中舒缓

想象一下：你每天工作都非常忙碌，现在你在紧张忙碌中工作了一整天后，又加了一整个晚上的班，第二天上午怎么也打不起精神来，可是你马上要去见一个非常重要的客户了，必须马上摆脱全身疲倦的感觉，但你即使喝了咖啡、浓茶等也不起作用，你还是非常疲倦。这时你该怎么办呢？自我催眠就是一个很好的选择。

前面已经讲过，催眠具有消除疲劳、保持精力旺盛的特殊作用。无论在赛场上、考试中还是会议时，通过自我催眠都能够迅速消除疲劳，保持精力充沛。有时只需要短暂的催眠时间，就能获得意想不到的效果。对于舒缓疲倦，可以通过这种方式自我催眠：

现在以你最舒服的姿势坐好或躺好，双手双腿都以最舒服的方式放好。然后开始慢慢地深吸气，屏住呼吸两秒，呼气。你慢慢地从1数到5，然后闭上眼睛，感觉到脖子与肩膀在放松，手臂与小腹在放松，大腿与小腿在放松。很好，继续慢慢地深吸气，屏住呼吸两秒，呼气。随着这样有规律的均匀呼吸，你开始对自己默念：

“现在，我要将疲惫、冷漠的感觉从身上赶走。每一次呼气，我身体上的疲倦感就会减少一部分；每一次吸气，我身体上的活力感就会增加一部分。我会一直保持精力、兴趣和热情。当我变得更加精力充沛时，我的情绪也更加愉快，做事情时也更加快乐。现在，我的身体就像蓄电池一样在快速地补充着能量，身上的每个细胞都吸收着能量与活力。在我睁开眼睛之后，我的身体就像充满了电的电池一样，让我感觉精力十分充沛。我感觉自己好像获得重生一般，身体里充满了能量并向外散发着金灿灿的光芒。这让我感觉如此良好，很有精神。我感觉非常安全和舒服，我的身体的每一个细胞都充满了能量，我可以感受到它们的活力带给我的健康感。我的身体很放松……”

最后，再做一次深呼吸。慢慢地深吸气，屏住呼吸两秒，呼气。放松……现在，你慢慢地从5数到1，当你数到1时，睁开眼睛，仔细地感受你现在的心境。

让旅途舒畅不晕车

很多人有晕车的问题，非常影响出行。从生理方面来看，晕车是由于耳部深处掌管方位、平衡感觉的半规管在不规则颠簸下过度兴奋，引起自律神经失调，对内脏造成副作用而引起的；从心理方面看，晕车是因为负面的心理暗示造成的。无论是哪种晕车，催眠都是一种好的治疗方法。

自我催眠法治疗晕车的实施过程是这样的：用腹式呼吸让自己心情逐渐平静下来，然后用适合自己的方法在轻松的气氛中渐渐进入催眠状态。在额部凉感的练习后，进行想象法的训练。每天一到两次行为想象疗法，持续几周以后，生理和心理上都会在潜移默化中增强对乘车眩晕的抵抗力，从而达到治疗和克服晕车、晕船的目的。

他人催眠与自我催眠大同小异，具体方法就是催眠师将受催眠者诱导至催眠状态，引导受催眠者开始想象晕车时的情景。暗示语是："你现在正坐在一辆汽车里，车子颠簸得非常厉害。刺鼻的汽油味使你心里感到难受……晕眩、恶心……去体验这种晕车的感觉吧……你很想让身体舒服一点，但越是这么想就晕得越厉害。放心，按照我的指导去做，你就可以摆脱晕车的感觉。现在，你开始做一下深呼吸……要趁车子颠簸的时候深呼吸。只要你这么做，你的情绪就会慢慢地稳定下来。现在，我从20倒数到1，我每倒数一个数字，你的情绪就会稳定一点，当我数到1时，你的情绪就会完全稳定，肯定没错的！"

完成上面的暗示后，催眠师应继续进行暗示："现在虽然车子很颠簸，车子里很闷热，但你的心情没有受到任何影响，你从容地欣赏着车外迷人的景色，心情异常平静，全身感到非常舒服……从此以后，你绝对不会再晕车，你会感到乘车旅行是一种快乐而幸福的体验……”

这样进行几次催眠治疗后，晕车很快就会痊愈。

帮助缓解疼痛

疼痛是一种引起身体痛苦的生理感觉。为了准确地理解生理疼痛，你可以这样想象：你站在人群中，前面的人往回退，踩到了你的脚趾。储存在神经末梢的多种化学物质释放出来，这些化学物质使神经末梢敏感，使疼痛信息从脚趾传到脊柱，经过大脑的感觉中枢，到皮层解析疼痛感觉的位置。在这时，你就会很生气地对前面的人喊叫：“你踩到我的脚了！”

生活中，我们并不经常遇到这样的疼痛，更多的人遭遇的其实是慢性疼痛，这些慢性疼痛往往是由于工作劳累或者疾病引起的。不管疼痛的原因是什么，你的目的是减少或消除疼痛。虽然引起疼痛的原因多种多样，但使用催眠治疗疼痛的结果都一样。

一般情况下，催眠师会使用这样的暗示语：“将你的注意力集中到你感觉不适的部位，放松疼痛周围的肌肉，放松周围的所有肌肉，彻底放松周围区域。你会感觉肌肉放松，想象发炎的、疼痛的区域在开始慢慢变小、变凉、恢复。发炎的、疼痛的区域将变小、变凉、恢复，你将感觉非常舒适、非常舒适。现在不适的感觉正从你的身体流出，你感觉它在流走，流走。现在想象清凉的感觉，像凉爽的水流过，凉水流过你的那个部位，清洗走不适，清洗走你所有的不适，完全清洗干净。现在抚慰、放松那个疼痛区域，抚慰、放松那个区域，直到你感觉减轻了、放松了、能活动了。你的身体感觉正常了、恢复了、放松、能活动了。从现在起，你的潜意识将保持身体放松，免受压力。”

如果是要缓解手术后身体的疼痛，往往需要在手术前几周就开始进行催眠诱导的训练。手术后，催眠就可以有效地缓解疼痛了，一直到疼痛本身消失，不需要再进行催眠为止。

需要注意的是，疼痛都是身体不适或者发生病变的信号。对于某些疾病来说，通过催眠虽然可以缓解或者消除病痛，但是并不能对疾病本身产生影响。也就是说，我们在治疗疾病时为了减轻病痛使用催眠是辅助的做法，但是绝不应该用催眠来代替治疗，因为这是一种治标不治本的方法。

学点催眠术，塑造强大的自我

让你变得博闻强记

我们已经知道，催眠有一种神奇的魔力，它可以让你忘记许多耳熟能详的事情，也能让你记起遗忘很久的事情。那么，能不能通过催眠，让自己的记忆力变得很好呢？答案是肯定的。

催眠状态是一个注意力高度集中的状态，在我们注意力高度集中时，学习能力会明显提升，同样，我们的记忆力也会明显得到增强。

有心理学家为了研究催眠时人们的记忆力，做过这样一个实验：他们找到一些高中生，将其分为两组，甲组在清醒状态下用自己的方法背英语单词，乙组则在催眠师的诱导下进入催眠状态，背同样的单词。相同时间之后结束背单词，进行测试。然后两组人交换，甲组催眠、乙组清醒，同样背单词、测试。结果发现，第一次测试成绩甲组明显不如乙组，第二次则相反。这说明，每组在催眠时的成绩都比清醒时好。甚至有一个高中生在清醒时只记下7个单词，但在催眠时却答对了19个。

当然，这个测试里也出现一些在催眠时的成绩与清醒时相差

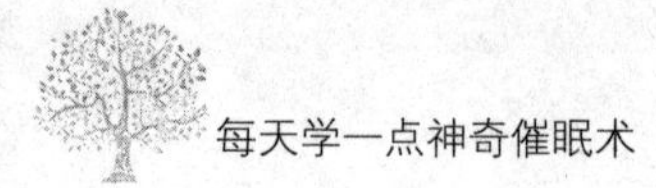

不大，甚至催眠时成绩更差的人，因此并不能以偏概全地说，在催眠过程中人们的记忆力绝对会增强。并且，大部分人虽然记忆力增强，但是增强的幅度大小也存在很大差异，没有任何人的记忆力会有飞跃性的提高。

另外一些科学家研究发现，在记忆有意义的事情时，比起清醒时，催眠时的成绩较好。但是，在记忆没有意义的事情（例如无意义的拼写等）时，清醒时和催眠时没有特别大的差距。此外，有报告称，在记忆有意义的事情时，不仅是催眠时的记忆量会增多，时间上也会变快。而且，在想起过去记忆的事情的实验中，也得出了这样的结果——如果是有意义的事情，比起清醒时，催眠时会较好地回忆起来。

让你注意力更集中

人的一切活动都贯穿着注意。心理学研究表明，学生在学习中的个别差异，并不完全因所具的天资不同，而更主要的是由于他们在学习时的注意力不一。可见，高度集中注意力是保证高效率学习的必要条件。平时我们观察到有些人似乎做什么事情都能全神贯注，而有些人似乎无论在做什么都是左顾右盼，注意力完全不集中。这是为什么呢？怎么样才能让我们的注意力更加集中呢？

前面已经说过，大部分人是可以进入催眠状态的，而进入催眠状态本身就是一个注意力高度窄化和集中的状态。我们注意力不集中时，往往不是因为我们不能集中注意力，而是因为我们根本没有兴趣去集中注意力。比如很多孩子在上课听讲时完全不能集中注意力，但是在看动画片和玩游戏时能非常地忘我，注意力高度集中。对于普通人来说，提醒自己，让自己注意力集中是没有用的，因为“注意力集中”只是一个抽象概念，而不是具体的方法。因此，在我们需要集中注意力时，可以通过具体的催眠方法来获得。

我们通过反复的自我催眠训练，可以帮助自己建立起有效的反应方式，这是一种有效提高注意力的办法。这一点在那些成功的、优秀的人身上都表现得非常明显。当他们开始思考或做一件事时，他们可以进入深度的催眠状态，所以他们只会专注于自己的思考和行为，对外界其他的事情都不会注意到，这是一个自然而然的过程。就像高尔夫的常胜将军老虎伍兹一样，他就是靠自我催眠进入催眠状态，在击球时听不到任何声音，看不到全体观众，只专注于眼前的一击，所以他保持着不败的纪录。因此，在需要注意力高度集中时，我们也可以对自己进行催眠暗示，让自己开始不受周围环境的影响，注意力开始窄化，开始听不到外界的无关声音、看不到无关的人，整个宇宙似乎只有自己的注意力在运作着，从而产生“隧道视觉”，进入完全专注的状态。

让你变得果断高效

有人去商场买东西，往往会反复比较，反复动摇。结果去了许多次，就是决定不下来。像这样遇事优柔寡断，拿不定主意的人，在生活中是非常常见的。心理学家认为，人在处理问题时

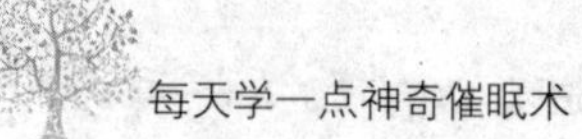

所表现的这种拿不定主意、优柔寡断的心理现象是意志薄弱的表现。

为什么有些人遇到事容易反反复复、优柔寡断？心理学家认为，对问题的本质缺乏清晰的认识是拿不定主意并产生心理冲突的原因。只要留心观察，就不难发现优柔寡断多发生在青年人身上，这是因为青年人涉世未深，对一些事物缺乏必要的知识和经验。一般说来，优柔寡断者大都具有如下性格特征：缺乏自信，感情脆弱，易受暗示，在集体中随大流，过分小心谨慎，等等。另一种情况是家庭从小管束太严，这种教育方式教出来的人只能循规蹈矩，不敢越雷池一步。一旦情况发生变化，他们就担心不合要求，左右徘徊，拿不定主意。

怎样克服这种遇事拿不定主意、优柔寡断的毛病呢？可以通过以下催眠暗示进行：

“我现在要增强自己做决定的能力，将主动权牢牢握在自己的手中。我相信自己能够做出一个很好的决定。在任何工作中，我都能够十分自信地做出决定。我将会更加有效地提前安排好一天的工作。我将非常从容地做出决定。我不会再花费哪怕几秒钟来猜测自己的决定，我相信我自己。我将迅速地采取行动，并一直坚持下去。我对自己的决定非常地放心，并能够轻松简便地执行它们。一旦出现犹豫，我会迅速地做出调整，并马上开始采取自己既定的行动。我相信自己的决定是正确的，而且是自己能够在有限时间内做出的最好的决定。我再也不会怀疑自己是否具有做出完美决定的能力。现在，我再也不会走神，我将集中精力在自己想要完成的工作上，专心于自己的工作计划。从现在开始，我相信自己做决定的能力。我变得非常果断。每天在面对各种大小不一的工作任务时，我都能够非常有效地将它们组织、排序，安排得井井有条。”

※…… 让你拥有强大气场

有些人举手投足间都能给人一种傲视群雄的感觉；有些人浑身散发着艺术家的激情与浪漫；有些人一出场就显现出不怒而威的气势，让所有人感觉犹如大人物驾到……这些都是气场的作用。当一个人的自信、从容达到一定程度，由内而外地散发时，他固有的鲜明的特点就会散发出所谓的气场。因为对事物的了解，所以看待事物自然会有从容不迫、举重若轻、舍我其谁的姿态。那么如何才能提高自我的气场呢？

既然已经知道了气场来自自信和从容，自然就可以通过自我催眠来进行。我们可以按照下面的方法进行：

（1）强化自信观念。如果你对着镜子笑着说“我很漂亮”，你就会真的觉得自己今天特别漂亮，反之，你一天的情绪都会很差。自信对气场的改造简直是惊人的。这实际上是一种自我催眠，本质是自我暗示，因此我们可以用催眠暗示来让自己更有气场。例如，我们可以用这样的自我暗示语来进行自我暗示：“不论遇到什么事情，我都会做一个深呼吸，然后露出会心的微笑，这样我就能立即变得心平气和，从容面对一切。每当我诵读苏轼的《念奴娇·赤壁怀古》时，都能从古人的词句里吸取豪迈的力量，让我拥有大海般雄浑的气魄，拥有天空般广阔的胸怀。良好地控制自我，是成熟而富有魅力的人的特征，我一定要成为有自控能力也能成为一个有自控能力的人。”

（2）内化反应模式。如果你总是给人自信和从容的感觉，遇到一件小事却还是会着急得跳脚，那么，你苦心营造的气场在别人眼里自然就烟消云散了。因此，需要通过催眠的方式，让自己形成一套新的，显得信心百倍、从容不迫的反应模式，很有必要。例如，我们可以通过这样的暗示语来让自己改变反应模式：“当我因为某件事情急得想跺脚的时候，我不会立即跺脚，我会深吸一口气，告诉自己，这件事情肯定是能解决的。我会很自信、很从容地来面对工作和生活中所有的事情。”

通过强化自信观念和内化反应模式，我们可以从里到外都转变为一个自信从容的人，从而提高自我的气场。

※…… 让你进取心更强烈

每个人都为自己的目标而努力奋斗着，可是每个人的进取心似乎都不一样。有些人认为自己的目标很远大，所以要努力奋斗；有些人感到目标遥不可及，所以干脆主动放弃。这是为什么呢？因为我们每个人在追求自己的目标时，同时有着“向往成功”和“害怕失败”这两种心态在起作用。看上去，这两者意思差不多，实际上它们差得很远。对于“向往成功”来说，安于现状是不行的，因为这样不会成功；而对于“害怕失败”来说，安于现状是可以的，因为这样不会失败。因此，可以说，“向往成功”是动力，而“害怕失败”则是阻力。通过催眠，我们可以让“向往成功”的心态发挥更大的作用，并减少“害怕失败”带来的阻力，从而使自己的进取心变得更加强烈。

下面这个催眠暗示语就能够增强对目标的渴望，并减少对失败的惧怕。

“从现在开始，我变得更加渴望成功，当我完成每一件事情后，我都觉得离成功更近了一步，我会更有成就感。我渴望奋斗，渴望进取，我会因为进取心强烈而变得更加快乐。我渴望改善自己的生活，而我强烈的进取心将会帮助我实现它。因为心中充满渴望，所以我每天以强烈的进取心为实现自己的人生目标而努力工作，这个目标对我来说十分重要，我会用最强烈的进取心去实现它。我不会害怕失败，因为我有百分之百的决心去成功。只有奋斗了才会有成功，只要是奋斗了就一定会成功。世界上没有失败那回事，所有的奋斗都会变成经验、财富与能力。我已经证明了自己拥有在内心中一直升腾的想要实现目标的强烈渴望。我所有的想法和做法都会围绕着我所追求的目标做调整。现在我要让自己大胆地去追求成功！任何困难都难以阻挡我的成功。我喜欢这种充满进取心、全身心投入的状态。我的进取心正变得越来越强烈，而这种强烈的渴望在我的体内不断地滋生壮大。那种感觉太好了，正是我想要持续保持的一种精神状态。”

通过这种暗示，你会发现自己对于成功的渴望更加强烈了，对于失败的恐惧变少了，从而大大地增强了成功意识，进取心也变得更为强烈。

帮你保持旺盛精力

每天，你都是那个状态：没有疲倦，但也没有精神，做什么事情都是那样不紧不慢，显得没有生机。你很想改变自己，让自己保持旺盛的精力，显得精神焕发，却不知道该怎么办。你不明白，为什么有些人总是显得精神抖擞、神采奕奕呢？他们到底有什么秘诀呢？答案就是他们善于自我催眠。

虽然说身体条件是保持精力旺盛的一个重要基础，但精神焕发更多的是一种心理状态。当一个人非常开心、积极、充满激情地从事某件事情时，他一定是精神焕发的。自我催眠对于心理状态的调整是非常有效的，为了保持精神焕发，我们可以这么利用这样一些暗示语：

“现在我做每样事情的时候都更加精力充沛，伴随着我的精力和激情的与日俱增，我更加热爱自己生活中的点点滴滴。现在不管我做什么事情，我都变得异常活跃，十分兴奋。我希望自己活得更加充实，可以在每天的活动中得到更多的满足。现在的我拥有更多的精力，它可以帮助我实现自己的愿望。当我精力更加充沛时，我会觉得更加快乐。随着精力的提升，我会感到更加健康。

“现在，我要变得更加积极主动，充满活力，充满热情。我要将自己快乐、活跃的一面展现出来，这样其他人也会为我的性格和行为所感染，从而喜欢上我。清晨醒来，我感到精力充沛。在新的一天里，我将更加具有活力。我十分喜欢自己的身体保持高度敏感，头脑保持十分警觉的状态。对于我自己真正想要做的事情，我会一直保持精力、兴趣和热情。当我变得更加精力充沛时，我的情绪也更加愉快，做事情时也更加快乐。

“每天醒来，我都会比以往更加有能量。我丢掉了懒惰疲惫、冷漠低沉的想法，取而代之的是积极的、欢快的、充满朝气的生活态度。我希望能够欣赏到自己充满活力、激情澎湃的一面，我要活泼、快乐地活着。”

最后就是唤醒过程了：“我从1数到5，就会让自己从催眠状态中清醒过来，全面清醒。1……开始从催眠中醒过来。2……开始感知到周围的事物，有一种满足感、安全感或舒适的感觉。3……期待着催眠给自己带来满意的结果。4……感到乐观，精神振作。5……现在全部清醒了。”

帮你增强社交自信

有些人讨厌面对人群或是害怕面对人群，因为他们总是觉得害羞、不好意思，害怕自己会出丑或者受到嘲笑。他们往往个性内向，很少和外界及他人沟通，不会主动走出自己的世界，不会主动加入人群。他们在人多的地方会觉得不舒服，在聚会中常常形单影只，担心别人注意他们、担心被批评、担心自己与大家格格不入。情况轻微的人还是可以正常生活的，情况严重的话却会造成生活上的障碍，导致无法正常求学或工作。这种症状被心理学家称为“社交恐惧症”。

由于社交恐惧症是一种心理症状，靠服用药物治疗很难达到良好的效果。自从催眠疗法开始用于社交恐惧症的治疗后，经一些患者证实，催眠治疗社交恐惧症有独特的疗效。通常，治疗社交恐惧症的方法是这样的：

受催眠者以自己舒服的姿势或躺或卧，催眠师开始进行催眠诱导，逐渐使受催眠者进入催眠状态，然后开始进行这样的一些催眠暗示：“你现在正处在舒适的催眠状态之下，全身放松、精神愉悦。你会绝对听从我的话，按我的意思去理解和体验，并牢牢记住。你自己也知道对某种事物、情境和人际交往产生恐惧并极力加以回避，是不合理的、不必要的，那就应该泰然处之，其他人不也是这样做的吗？你和所有的人一样自信、坚强和勇敢，其他人能做到的，你也一定能做到……再处在这种情境中，再在这种形式下与人交往时，你就不会焦虑和恐惧了，你会显得非常轻松……你现在正在接触这些事物，正处在这种情境之中，正在这种形式下与人交往，你显得很自然，也很愉快，你一点儿也不感到恐惧，根本没有恐惧的感觉，你也不想回避……好，你的疾病已经好了，今后再也不会对这些事物、情境和这种人际交往产生恐惧并加以逃避了……你要坚信和记住，你的病已经完全被治愈了……我唤醒你以后，你会感到全身舒适轻松，精神饱满，你会发现你以前的行为和做法是十分幼稚可笑的，因为你已经成了非常健康的人。”

完成上面的暗示后，唤醒病人，解除催眠状态。催眠治疗一般每日一次或数日一次，如病人配合得好的话，常常一两次即可彻底治愈。

学点催眠术，让你瞬间掌控他人

让他人放松戒备

有时我们不得不硬着头皮去做一些看上去不可能完成的事情，而这些事情在催眠师看来却是小菜一碟。例如，作为一个不速之客，催眠师可以让一个陌生人在很短时间里对他放松戒备甚至敞开心扉。催眠师是如何做到的呢？一般情况下，催眠师会遵循下面这几点来进行交流：

（1）第一印象良好。前面在说到催眠师的要求时，提到了催眠师必须外表端庄、衣着整洁、形象良好、身体健康。你可能会想，做催眠师又不是要参加选美比赛，为什么要有这些要求呢？实际上，大多数人都会凭第一印象来决定对陌生人的态度，外表是诱发人际吸引的首要因素。要想让他人放松戒备，首先就要给他良好的第一印象。

（2）观点相似。催眠师和受催眠者交流时，能很快发现和对方相似的观念、立场或兴趣、爱好、经历等，从而让谈话双方的思想很容易产生共鸣，碰撞出激烈的火花。根据这种心理，在与陌生人进行交流时，对方如果存在防备心理，只要我们能很快

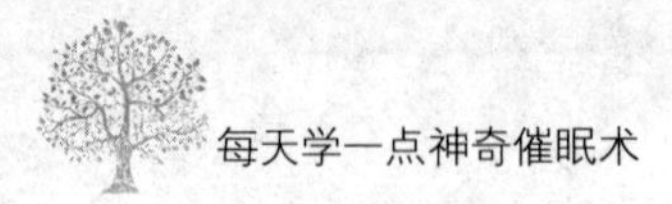

找到共同点，投其所好，就能很容易把对方吸引过来。

（3）营造互补关系。当双方的个性或需要及满足需要的途径正好成为互补关系时，就会产生强烈的吸引力。例如，脾气暴躁的人和温和而有耐心的人能友好相处；活泼健谈的人和沉默寡言的人能成为要好的朋友。在日常生活中，我们经常可以看到这样的现象。心理学家认为：两人相处，对双方都有帮助或彼此都有友好的意愿或彼此发现有类似的态度时，两人的交互关系就有继续维持的可能。因此，在大致判断对方个性后，你可以试着扮演一个与对方形成互补关系的角色进行关系上的突破。

（4）追求关系回报。人与人之间的感觉往往是相互的，你怎样对待别人，别人就会怎样对待你，这就是关系回报。所有的一切，全都由你的态度决定。简而言之，就是对他人的某种行为，人们会以一种类似的行为去回报。更直白地说，人们往往愿意和那些喜欢他们的人打交道，并且努力在交往中回馈同等的喜欢。这就是关系回报吸引力的巨大作用。

依照以上几条进行，你也能像催眠师一样，很快地攻破他人的防备心理。

让他人对你推心置腹

无论在职场上还是社会中，我们都会认识很多人，结识很多朋友。然而，朋友和朋友也不完全一样，有些朋友可以和你一起吃饭喝酒，却未必会和你推心置腹。这很可能是因为，你还没有完全进入他的内心世界，他还不信任你。那么，有没有什么办法改变这一状况呢？当然有，每个人都有自己的软肋，如何有效地击中对方的软肋呢？我们完全可以参照一些催眠师的技巧。

朋友往往都是从相同的话题和兴趣开始的，因此要想赢得信任，先要成为他认可的朋友，而要想成为他的朋友，必须在某个方面与他形成一致的价值观。比如，你和一个朋友正在谈论对待金钱的态度，如果你们的金钱观完全不同，可能让他内心暗暗产生一种“道不同不相为谋”的情绪，导致他对你之后发起的任何话题都没有兴趣。在这里，可以借鉴的催眠师的技巧是：鼓励受催眠者多说，然后用带有自己语言风格的话来赞同他的观点，如果你对他说的方面很了解，还可以在他的观点上进行具体阐述和借题发挥。

在很顺利地进行共同话题之后，迅速找到对方的“软肋”，一击中的。催眠师会在受催眠者处于催眠状态时，通过不断的暗示与对话找到解决问题的突破口，迅速解决问题。这条经验完全可以用在社交上。例如，你在与一个女企业家聊天时，发现她一直聊着抚养孩子的话题，虽然聊的都是开心的内容却满脸愁容，转而又聊到了某种很难治疗的疾病，你感觉到应该是她的孩子患了这种疾病。这时如果你假装不知情地插入一句感叹：“唉，孩子要是得了这种病，父母该操碎了多少心啊！”这很可能让她百感交集，心理防线瓦解，引你为知己，与你无话不谈。

心理学家认为，每个人的内心深处都有隐蔽不愿示人的一面，同时又希望获得他人的理解，有开放的一面。然而，开放是定向的，即向自己信得过的人开放。因此，在你拥有了和对方成为朋友的基础后，如果你找到了对方那个隐蔽不愿示人的一面，在你表达出与之相似的观点和看法时，便有效地击中了对方的软

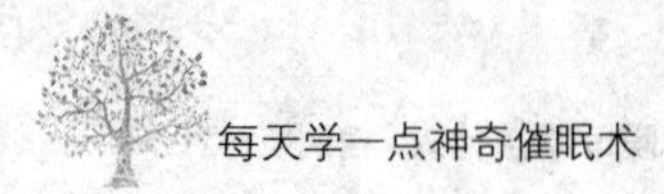

肋，对方的猜疑和戒备便完全解除了，把你当作真正的朋友，乐意向你诉说一切。

消除他人敌对情绪

社会交往中难免会出现一些误会或者不愉快事件，让别人对你顿时产生敌对情绪。这时你该怎么办呢？针锋相对、必要时报以老拳，还是和气生财、大事化小小事化了呢？相信一般人都会选择后者。可是“和气生财”说起来简单，你愿意和气时别人未必愿意，怎么才能消除他人的敌对情绪呢？

针对这种情况，我们可以使用一些催眠技巧，让对方的敌对情绪逐渐消失。

首先，作为一个催眠师，在任何情况下你都要能做到头脑冷静、胸有成竹。只要你不发作，敌对情绪就不会演化成冲突。如果你情绪发作，点燃了对方的怒火，可能后面什么催眠技巧都补救不了了。只要有可能，尽量保持着脸上带有谦和的微笑，但不要让对方误会你是在得意或者傲慢地微笑。

接着，与对方进行语言交流，表示理解对方的心情，并把对方现在的心情描述一番。记住要用平和舒缓的语气，不管对方的语速声调是什么样的，你始终保持较慢的语速和较低的语调，一般情况下用不了1分钟，对方说话的速度和语调就会逐渐变得和你一致，这时他的敌对情绪便开始降低了。实际上，你是在用接近催眠时使用的语速和声调和他讲话，让他的注意力开始从自身的不良情绪上转移，逐渐集中到你的声音上。在你讲话时，尽量让对方始终保持注意力在你的声音上。如果对方情绪很激动，一直大声嚷嚷，不要打断他的发言，但可以趁他歇息喘气时插话。

如果自己确实理亏，一定要诚挚地道歉，不做任何辩解，以免又点燃对方的怒火，待对方的敌对情绪消失殆尽后，可以做一些辩解。如果只是误会，双方都没错，可以继续用催眠的语速和声调将之前发生的事情讲一遍，让对方在大脑里回忆一下事情发生的整个经过，从而对实际情况有更深一步的了解。如果对方的过错更大，你可以继续以催眠的语速和声调与之交流，通过交流中的语言暗示，诱导对方进行角色扮演，站在你的立场上来思考一下这个问题，唤醒对方的同理心，从而达到让对方认识到自己的过错的目的。

有助于解决纷争

催眠的强大之处不仅仅在于催眠师针对受催眠者的神奇治疗，还在于催眠原理可以非常灵活而多变地使用，生活中几乎处处都有关于催眠原理的应用。就拿常见的一些小事来说，两个邻居因为某件事情产生了冲突，现在要你去解决纷争，便可以用到催眠。

解决纷争和整个催眠过程是类似的，解决纷争也需要经过类似催眠诱导、深入和唤醒这三个过程。

纠纷发生后，纠纷双方一般都会激烈争吵、情绪高涨，这时向双方了解纠纷的起因几乎是不可能的，因为双方情绪都不稳定。因此催眠师要做的第一件事情就是稳定双方情绪，避免事态

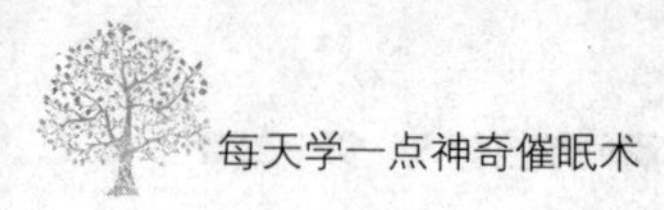

升级。这时的催眠师必须审时度势，是选择使用父式催眠师那样强大的气场，用强有力的、威严的、命令式的、似乎不可违背的声音让双方分开，还是使用母式催眠师那样用温和而舒缓的语调，循循善诱、不厌其烦地对双方进行规劝。这便是类似于催眠诱导的过程，目的在于让双方都能够把注意力从对方身上转移到你身上。

然后就是抓住时机，找出纠纷起因。耐心地倾听双方的陈述，要一直用催眠暗示提醒自己，保持头脑清醒，不要只听一面之词。听完陈述后，做到心中有数，要知道怎样的结果能够满足双方的要求。随后便可以开始分别向双方征求意见，尽量将双方意见的共同之处体现出来，催眠师在催眠中也常常会使用到这种方法。通过这种方法，催眠师可以进入催眠深化过程；在调解纠纷时，我们也可以了解问题的关键之处。

征求双方意见后，要能够找到问题的关键点，就像催眠中的最佳时机一样，根据关键点可以找到最合适的解决方案。在解决方案得到双方认可后，可以将双方召集在一起宣布解决方案。这时就是解决纷争的最后一个阶段了，和催眠唤醒的过程一样，我们必须巩固催眠的成果，因此我们也必须向双方强调解决方案不能再随意更改，并且双方都必须遵照执行。

帮你赢得更多支持

工作中，当你的想法遭到阻力时，你或许很想再努力地解释，让同事们改变想法，都来支持你的想法，但这种在他人看来有些自命不凡的做法很少能成功。不过不要绝望，因为你已经学会了催眠，具体做法如下：

（1）让对方出谋划策。在催眠真正开始之前，催眠师往往会和受催眠者讨论催眠治疗的具体方案，让受催眠者感受到自己也是这个方案的策划者和执行者，从而更加积极地配合催眠师。因此，我们可以效仿催眠师，让同事们积极参与到你想法的塑造过程中，而不是期望他们无条件地接受你的想法。用他们的语言和他们交流，告诉他们你的想法是什么，然后邀请他们批判补充，让自己显得需要他们的帮助，不要让他们看到你自以为掌握着完美答案的样子。这样做后，你会发现，你的想法可能会变得更完善，更加具有可行性，并且会得到更多人的支持。

（2）善待不同意见。在面对不同意见时，催眠师通常会使用更温和的方式来表达观点。那些喜欢争论和指责的人，常常意识不到自己打击了那些持有不同意见的人，到了需要众人支持的时候他们就会感到很纳闷：为什么支持自己的人那么少？实际上，面对别人的不同意见时，我们可以在不正面反对他人，不使用措辞激烈的言语的情况下表达自己的观点，尽量用“在某些条件下，这种观点是成立的”和“在目前条件下，这事还值得商量”的句式来应对不同意见。

（3）满足对方合理需求。工作和生活中，我们常常会遇到利益分配的事情，如果你的想法或者方案完全没有满足他人的需要，甚至损害了他们的利益，又怎么能够获得他们的支持呢？催眠师在催眠前会具体地跟受催眠者讲明，催眠不仅没有危害，还会对他自身有非常大的改善，而这些正是受催眠者期望得到的。催眠者通过这种交谈以换取受催眠者最大的合作和支持。这一点

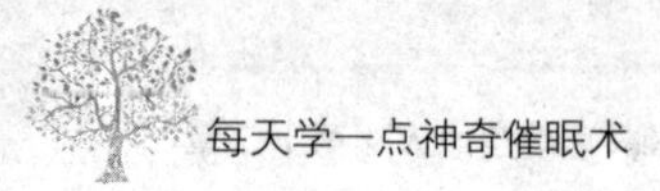

在日常生活中依然起作用。当然，对方的需求可能是体现在多方面的，如生活保障、安全、尊重、发展空间等等，因此我们要根据具体情况，在可能的情况下满足对方的需求，从而获得更多的支持。

帮你成功说服他人

有时候，我们需要去做一些说服的工作，对方可能是你的父母、孩子、上司、顾客、朋友、主考官……如果不掌握技巧，可能你用尽办法也没法换来对方的丝毫转变，遇到这样的事情是不是很泄气？这时可别忘了催眠，催眠在说服他人方面有着非常强的优势。如果我们把催眠中的小技巧用于说服他人，很可能会起到立竿见影的作用。

（1）烘托友好气氛。在说服时，你首先应该想方设法调节谈话的气氛。如果你和颜悦色地用提问的方式代替命令，并给人以维护自尊和荣誉的机会，气氛就是友好而和谐的，说服也就容易成功；反之，在说服时不尊重他人，拿出一副盛气凌人的架势，那么说服多半是要失败的。毕竟人都有自尊心，谁都不希望自己被他人不费力地说服从而受其支配。

（2）诱导对方换位思考。当你想说服比较强大的对手时，可以借鉴一下催眠中的人格转换法，试着诱导对方换位思考，从而以弱克强，达到目的。例如："我和您儿子年纪差不多，如果是您儿子遇到这事儿，您会坐视不理吗？我和您儿子一样都是年轻人，脸皮儿都薄，如果不是太为难我也不会来求您……"这段话会暗示对方，让对方想象自己的儿子为难时的样子，诱导对方换位思考。

（3）体现善意的威胁。催眠师在诱导受催眠者戒烟时，会强调吸烟的危害，让对方产生恐惧感。在说服他人时，这种技巧依然管用。我们可以用善意的威胁使对方产生恐惧感，从而达到说服目的。需要注意的是，我们的态度要友善，而且威胁程度不能过分，否则可能会弄巧成拙，激起对方强烈的反弹。

（4）用情感攻势攻破防线。在你和要说服的对象较量时，一般都会彼此产生防范心理。从潜意识来说，防范心理其实也是一种自卫，也就是当人们把对方当作假想敌时产生的一种自卫心理，那么消除防范心理的最有效方法就是反复给予暗示，表示自己是朋友而不是敌人。这种暗示可以采用种种方法来进行：嘘寒问暖，给予关心，表示愿意帮忙，等等。

帮你迅速俘获芳心

拿着苍蝇拍的无聊年轻人常常感叹：为什么没有女孩子喜欢我？另外一些有意中人的年轻人常常因为感情上的事情发愁，他们常常纠结于一个古老的问题：为什么她喜欢的不是我？

在大多数年轻人问着这两个问题时，却总有一些其貌不扬的男生牵着美貌姑娘的手幸福地从你面前飘过，享受其他人的白眼和红眼。这些其貌不扬的男生可以称得上是真正的恋爱达人。他们到底使用了什么办法让意中人也喜欢自己呢？实际上他们只不过懂得一些简单的催眠方法罢了。如果你懂得在追女孩的时候使

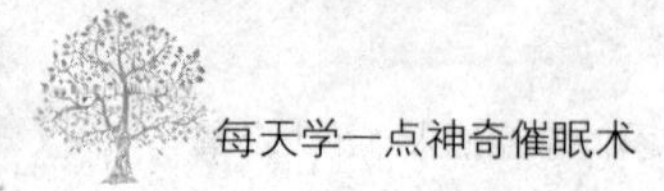

用一些催眠原理，可能事情会变得顺利很多。

首先，展示自己的吸引力。吸引力是使陌生人主动认识自己的基础。人们总是喜欢与自己有共同之处或者能够互补的人相处，如果你能够展现出这方面的吸引力，就能够吸引住对方了。通过和对方简短地交流，恋爱达人可以很快了解对方是什么样的人，喜欢什么，然后根据对方隐含的内心期盼，展现出自己与对方的共同之处或者与对方差异的互补之处，自然就能够吸引对方了。

其次，吸引之后是展示影响力，这其实就是催眠的过程。催眠本质上是绕开意识与潜意识进行的交流，因此需要受催眠者停止逻辑思考等意识领域的心理活动，那些恋爱达人最擅长的就是这个。他们是如何让人失去逻辑的呢？首先是让对方情绪化，也就是更加感性化。比如情诗、情歌就都是很感性的东西，可以让对方放弃理性思考。如果对方接受情诗、情歌，你可以选择这种方式不断使其情绪化；其次就是让对方变得疲劳，逻辑减弱。例如看电影、逛街、户外运动等，会让对方感觉精神疲劳，意识能力下降，更容易受到暗示；最后就是让其精神放松，进入单调无聊的恍惚状态，意识抵抗变得微弱。最简单有效的催眠是：简练、重复、押韵。例如，你每天送一朵玫瑰赢得芳心的概率要比毫无规律地做这些事情所达到的催眠效果好。

在追求对方的过程中，也要注意对方的一些举措是不是暗示着催眠原理，让你进入了催眠状态。有时我们看到有些人一次一次地被拒绝，却愈挫愈勇，其实他们很可能就是被对方的某些举措催眠了。

让逆反的孩子听话

青少年处于身体发育和心理成长的过渡期，他们的独立意识和自我意识会随着年龄增长而日益增强，迫切希望摆脱成人的监护。因此，逆反心理在青少年成长过程中极为常见，整个逆反心理出现的时期被称为逆反期。

处于逆反期的青少年认为自己已经长大，很不喜欢家长把他们当孩子。为了表现自己的思想独立，他们倾向于对任何事物持批判态度。逆反心理虽然说不上是一种非健康心理，但是当它反应强烈时却是一种反常的心理。它虽然不同于变态心理，但已带有变态心理的某些特征。如果我们对逆反期青少年的引导不正确，就可能会使他们养成多种病态性格，而正确的引导方法中，利用催眠原理进行沟通是一种省时省力的方法。

首先，要让青少年知道主导权在他自己手里。青少年正是建立自身价值观的时期，家长应该明白没有哪种价值标准是绝对正确的，应该尊重孩子的价值取向，不应该强行灌输给孩子自己的思想，并尽可能告诉孩子有哪些价值准则，再告诉他你的观点，至于他应该怎么做那是他自己的事情，应该由他自己解决。正如催眠师一般会让受催眠者相信，所有的催眠都是自我催眠，受催眠者只不过借助催眠师的帮助，把自己催眠了，自己永远主导着催眠，所以完全没必要担心会受到催眠师的控制。

青少年感到主导权在自己手里时，自然会有一种脱离了控制的欣喜感，也更倾向与家长坦诚交流，这时家长便可以与孩子进行双向沟通了。需要注意的是，家长如果感觉方法不对，则需要立刻换方法。催眠师在进行催眠诱导和催眠深化时，可能会遇到使用的方法对受催眠者完全无效的情形，这是由每个人对不同方法的敏感度不同造成的。这时催眠师要马上与受催眠者沟通，尝试别的办法，而不是在失败的方法上反复尝试，一错再错。同样，与孩子交流时，家长也要根据孩子的接受程度来对沟通方式进行逐步调整，直到找到最好的方法，而不是一味地用一种孩子不接受的方式来单方面寻求沟通。

在与家长达到了良好的沟通后，青少年的逆反心理自然也就会逐步消失了。

有趣的催眠现象，你知道多少

情人眼里出西施：爱情与类催眠现象

当月下老人将一对男女结合在一起的时候，双方都可以找出无数个非他不嫁、非她不娶的理由，这就是所谓的天作之合。这些理由都是真实和理性的吗？如果我们进行冷静地剖析，会发现爱情原来是盲目与非理性的，那些热恋中的人们几乎都是处于自我催眠的状态。

心理学家对爱情是这样描述的：爱情由一种温柔、挚爱的情感构成，在体验到这种情感时还能感到愉快、幸福、满足，甚至是扬扬自得、欣喜若狂。

有关大脑的最新研究发现，当情侣沉溺爱海时，会失去判断能力，扫描显示爱情会加速脑部奖赏区域的反应，并减慢做出否定判断系统的活动。当奖赏系统想到某人时，脑部会停止判断社会评价和做出负面情绪的活动，这就很好地解释了爱情的魔力，也很好地解释了爱情的盲目性，即处于一种意识恍惚的自我催眠状态中。

情人眼里出西施。如果把这句话转换为心理学术语，那就

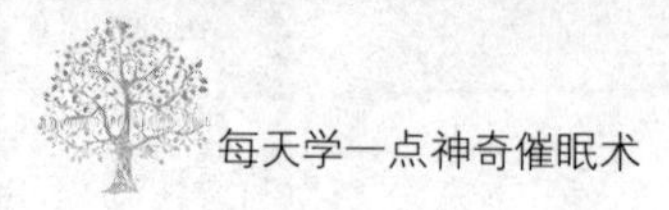

是在爱情状态中，人们的知觉被严重歪曲。恋爱中的人们，情感高度卷入，他眼中的世界实际上是一个他想看到的世界，而不是真实的世界。他，当然希望她能够是白雪公主；她，当然也期盼他是白马王子。好的，既然你这么想，在你眼中也就真的如此了。

恋爱是一种无条件的积极关注，初恋尤其如此。相对来说，初恋一般是最难忘怀的。进入青春期的孩子对异性总是充满向往和爱慕的心理，而这个时期的爱，还不能为社会所接受，因而会受到各个方面的阻力，但是这种阻力往往会让人产生高度的心理抗拒，从而导致相反的选择出现，即对自己好奇并渴望了解的人或是事物更加热衷。而在初恋无果而终后，初恋中那个完美无瑕的人便成为一个永远无法被取代的人了，甚至变成了与他人比较的一个标准。

热恋看上去更像是一种自我催眠，由于热恋中的人已处于自我催眠状态，其注意点、兴奋点已完全集中于所爱的人身上，其价值观已无法用常理去判断。整个人已处于意识状态与无意识之间。对于不涉及恋爱对象的事情还能清醒对待，但对于与恋爱相关的事情便都无法以常理看待。

舞台催眠：与催眠治疗相比的异同

很多人对催眠的认识完全来自娱乐业，即舞台催眠。在18世纪麦斯麦时代，催眠表演师就已存在，且享有很高的声望。当代的舞台催眠师有的带着舞台作品四处巡游或出现在集市中，有的还在电视中频频亮相。他们的表演具有很强的娱乐性。

舞台催眠和催眠治疗有什么不同？它们本质上没有太大差别，舞台催眠师也是先诱导观众进入催眠恍惚状态、绕过意识头脑而对潜意识施加暗示作用的。两者最主要的区别在于，出现在舞台或电视上的催眠节目纯粹以娱乐为目的，而非治疗，所以舞台催眠师给观众施加的暗示往往和临床催眠师所用的暗示大不相同。

参与舞台表演的志愿者可能会被要求学鸭子走路或嘎嘎叫、学鸟儿拍“翅膀”、跳芭蕾舞、遭遇外星人，或拍想象中的苍蝇。志愿者也可能被暗示自己刚代表中国足球队赢得世界杯、刚徒手爬上珠穆朗玛峰，或刚报废掉自己没买保险的宝马汽车。在催眠治疗中，这些暗示很少被用到。

另一个重要的区别是催眠导入的速度和催眠深度。在催眠治疗时，催眠师往往需要用较长的时间为病人进行催眠导入。比起其他人，有些个体可能更不容易接受催眠，因此催眠医师需要为具体的客户选择最合适的催眠导入方式。此外，催眠医师相当多的治疗工作常常是在相对轻度的催眠中进行的。

相反的是，舞台催眠师必须快速地进行催眠导入，时间过长、催眠导入过慢会让观众觉得枯燥乏味。同样，舞台表演者为了达到让催眠对象遗忘的效果，通常会让其进入深度的催眠状态，所以只能选择那些催眠接受性好的观众参与节目。

在催眠诱导和暗示技巧方面，优秀的舞台催眠师绝不比催眠医师逊色。技巧十分娴熟的催眠师能在很短的时间内让个体进入深度催眠，并快捷有效地对其施加暗示。此外，有很多舞台催眠师曾经做过催眠医师，有的后来转变成了舞台催眠师，有的还同

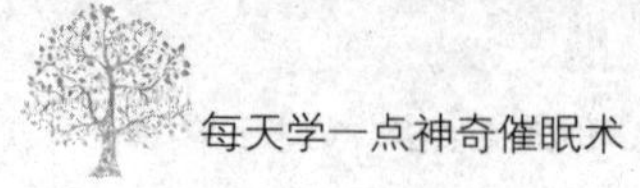

时担任这两个角色，因此，舞台催眠与催眠医疗之间其实并非像表面看上去那样迥然不同。

催眠麻醉：医学上的催眠应用

催眠麻醉是指在催眠状态下受催眠者部分或完全失去知觉，完全失去疼痛意识；催眠无痛觉是指催眠状态下注意力转移到疼痛之外而无法感觉到疼痛。二者之间的差别很小，经常交换使用。人们可以通过催眠中出现的这两种现象对一些不适合使用麻醉药的病人来进行手术麻醉。

催眠法在手术中替代麻醉药物的使用可以追溯到久远的1846年。在那时，催眠法在手术中的功效就已经被许多研究证实。而在1971年，由15名需要进行心脏手术的病人组成的治疗组，倾听了建议手术前身体系统放松的录音磁带。相比起另外一组没有听录音磁带的病人，他们的消极的心理反应少，麻醉后恢复期短，输血量少，发高烧者少。最近研究表明在手术前使用催眠法，可以减少病人需要的麻醉药和弛缓药的数量；并且手术中使用的减轻疼痛建议意味着更快的恢复。在催眠状态下潜意识接受了相当于化学麻醉药的建议。

催眠在当今主要的手术中作为麻醉方法并不普遍。因为对于医生来说，化学麻醉相对更可靠，而且容易操作，而催眠麻醉虽然成本低、无副作用，但是缺乏经验的催眠师可能会导致催眠麻醉失败或者其他不可预知的情况出现，结果可能是非常糟糕的。为了避免这样的情况出现，医生们都是尽量使用化学麻醉药物的。当然，这并不是说催眠麻醉就一无是处了，如果化学麻醉是有害的，如在怀孕、肺部疾病和其他医疗状况下，催眠麻醉就是一种可选的、有效的选择。

儿童可能是最适合使用催眠麻醉的了，因为儿童的催眠敏感度普遍较高，相对来说更容易接受催眠，而他们信任的天性，丰富的想象力使他们成为手术前和手术后催眠的主要人选。儿童的想象力非常丰富，因此可以在催眠时引导他们发挥想象力，进入更深的催眠深度中。曾有一个12岁的患有脑膜炎的孩子需要进行脊骨针灸，因为对麻醉药敏感，医生建议下由他父亲将他催眠，让他沉浸在自己想象的美好世界中，以至于整个针灸过程中他都没有感觉到任何不适。这就是催眠麻醉的神奇魔力。

商业活动：无处不在的类催眠

很多人都声称自己在看电视时不会去怎么关注广告，但是有多少人敢说自己不知道“今年过节不收礼”的下一句是什么呢？其实很多人都是如此，以为自己没有注意那些广告，就不会受到广告的影响，却不知道自己实际上已经被这些广告催眠了。因此，不论这个广告到底创意如何，实际上大部分人都是被“脑白金”广告“催眠”了，而“脑白金”只是一个普通的类催眠的商业活动。

当前世界是一个商业社会，推销自己的产品与服务，是全球数以亿计的人每天都在从事的活动。在这种活动中，有些人成功，有些人失败。而实际上，世界上的产品同质化倾向已日趋明

显，几乎没有一家产品在性能上、价格上是独占鳌头，无人与之争锋的。能否卖得出去、卖得很好，与广告宣传有很大关系。那些优秀的广告，或多或少地运用了催眠术的原理。

广告投放者总是希望广告能拨动目标市场消费者的心弦，进而发生购买行为。精明的厂商们会有意无意地利用催眠原理拨动消费者的心弦，并使之产生共鸣，直至按照广告主的意愿去行事。在催眠施术过程中，催眠师的最终目的很明确，那就是进入受催眠者的潜意识，干预其心理世界中的某个观念，或帮助受催眠者建立起某种正确观念，最终解决其心理疾患。也就是说，从根本上是解决一个“理”的问题。但从技术路线看，尤其是从导入催眠状态的技术路线看，却是要走“情”的路线。在催眠过程中，催眠师不断暗示受催眠者：你感到很舒服，有一种从未体验过的舒服的感觉。此外，催眠师在术前、术中、术后也不间断地与受催眠者进行情感交流。当那些神奇的催眠现象发生以后，旁观者都以为催眠师有什么秘不示人的绝招，其实，高明的催眠师只是在点点滴滴的情感积累之中，与受催眠者取得高度心理相容。一旦情感占据了上风，哪怕是与“理”相悖的观念也能接受。沿着这样的思维轨迹，我们就能够解释为什么销售同样品质、同样价格的产品，有些人卖得好，而有些人怎么也卖不好了。

非法传销：骗术里的催眠原理

“传销”这个词语最早是从英文翻译过来的，意思就是一种多层次、相关联的经营方式。在西方国家，传销作为一种良好的商品销售模式发展得很好，但这种经营模式在传入我国后被一些不法分子利用，变成以发展人员为主的传销组织。这些组织严重扰乱了社会的经济秩序、市场的健康有序发展，严重影响了社会稳定和金融秩序。

传销的本质就是催眠。有90%以上的人在传销组织中无法自拔，有时甚至认为自己的传销行为是一件非常高尚、荣耀、值得自豪的事情，是在为了理想而奋斗，对自己所做的事情不加任何批判和怀疑，这显然是典型的催眠反应。正是这种变了味的传销组织，导致了成千上万的人上当受骗。一旦进入组织，人们好像被一种无形的力量所牵动、控制，在明知其性质的情况下，依然引诱他人甚至亲朋好友加入进去。

传销课程的本质是集体催眠。非法传销者往往打着授课、讲解成功之道的幌子引诱受害人加入，并且在“课程”中对受害人进行类似于“洗脑”的强化训练，使受害人深陷其中难以自拔。

加入传销课程的人往往吃、住、行都在一起，不得随意离开控制者的视线，不能随意花钱。新来的人还要上缴自己的手机，断绝同外界的联系。上课时授课者又故意把房间安排得满满的，使每个人的空间变得十分狭小，进而让人头脑昏涨，难以有正确的判断。这些手段都是为了缩小参与者的心理空间，让他们最大限度地避免外界的影响与干扰。

通过以上种种措施，传销人员便能够保持精力的集中，接受内部伙伴的诱导。传销团队对新来的人往往都是十分热情的，每个人都走过来跟新人握手、问好、嘘寒问暖，让新来者有一种亲切感和受到重视的归属感，从而放松警惕。新人没有了心理防备，就更容易接受后续的催眠。

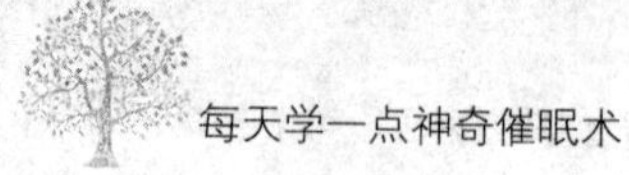

传销队伍里经理和员工间的差别很大，“领导”受到绝对尊重。而且每升一级，他们所宣称的收入也会有大幅的提高。这些都是为了使新人产生羡慕，给出一个如此美好的榜样，这样就让他们为提升自己的等级而努力奋斗。这是催眠的一种常见形式。

催眠犯罪：著名的海德堡事件

催眠犯罪是近些年才逐渐出现在人们视野中的词汇。催眠犯罪的含义就是，运用催眠暗示让人陷入恍惚而不自知、不自觉的状态，然后根据催眠者的指令进行一系列活动，例如偷盗、抢劫、杀人等法律禁止的行为。一旦被催眠者完成了指令，催眠者便会再度利用催眠，消除被催眠者犯罪活动的相关记忆。在催眠史上，最著名的精神控制犯罪就是被称为“海德堡事件”的案例。在这个事件中，罪犯从事犯罪行为的主要手段就是催眠术，而警方进行侦查、破案的主要手段也是催眠术。因此，这的确是一件运用催眠术犯罪和破案的最典型的案例，也是催眠行业中最具有教育意义的精神控制案例。

1934年的夏天，德国海德堡警察局接到一名自称是A先生的人的报案，他声称有人使他的妻子产生了各种疾病，并且他的妻子精神经常出现怪异的状态，每隔一段时间就不得不外出治疗疾病，更令人难以忍受的是，他的妻子因此不止一次要杀死他，并试图自杀。这种行为到现在还在继续，而且愈演愈烈。警方听后虽然觉得很不可思议，但仍然受理了此案，开始进行调查。

警察局在刚刚调查此案时，真的是毫无线索，无从查起。因为受害者A夫人根本就想不起究竟是谁使她陷入了这种令人痛苦不堪的境地。于是警察对A夫人进行了全面的检查，结果断定A夫人没有丝毫精神病的症状和身体方面的疾患。这让警方非常奇怪，于是他们推测她的精神可能受到了恶意控制与操纵。因此，警察局特意请来了一位著名的心理医生B医生协助破案。最终，B医生成功用催眠技术唤醒和恢复了A夫人的记忆，发现了罪犯E利用催眠操纵A夫人的整个犯罪过程，警方根据A夫人恢复的记忆，从E的家中搜查出了各种各样的罪证，同时还找到许多当时在场的证人。证据确凿，E最终认罪伏法，受到了应有的惩罚。而结案以后，催眠在法庭的影响力也得到了很大的提升。

通常来讲，利用催眠手段指使受催眠者犯罪是极不容易做到的。一般情况下，催眠者如果发出严重危害受催眠者意志或者违背受催眠者道德观念的指令，催眠就会受到受催眠者的阻抗与拒绝。在这种情况下，如果催眠继续强行实施，多半会使受催眠者从催眠中惊醒。但是，如果是特别精通催眠技术的话，就可以使被催眠者陷入极深的催眠状态之中，然后再施以巧妙的暗示，从而避免了行为与意志的直接冲突，这样就更容易获得成功。当然，暗示是有强迫性的。屡次重复着暗示的时候，人格是可能会逐渐瓦解的。暗示有深入受暗示者内心定住的倾向，这种力量强烈的时候，便不容易被驱除。

法庭催眠：让犯罪嫌疑人主动坦白

很多人在有关犯罪的电视节目和电影里面看过有关法庭审理

和判决的情节。对于这些情节很熟悉的人一般都知道执法机构常常会遭遇到一个古老而棘手的难题：受害者或者证人经常会对自己在案件发生时的耳闻目睹记得不太清楚，而记不清楚的那些正好是案情的关键所在。受害者或者证人通常提供不了多少可靠的参考细节，即使他们当时就在犯罪现场，亲历了现场发生的一切。这种情况下，法庭催眠通常能够帮助受害者和证人回忆起一些重要线索。

法庭催眠说起来历史非常悠久。早在1845年的美国，催眠师让一名妇女进入催眠状态，帮助她回忆起一个从商店偷钱的小偷。她在催眠状态下详细描述了一个大约14岁的男孩的外貌，并说出了他跑出商店后逃跑的方向。这个男孩被抓到时感到非常吃惊，很快承认了自己的偷窃行为。

20世纪七八十年代，美国发生了后来臭名昭著的泰德·邦迪案。其中一位证人在催眠状态中记起的证据，对判定邦迪绑架并杀害了12岁女孩金波莉·丽琪至关重要。起初主要证人只能记起很少的细节，后来在催眠中记起了可以证明邦迪罪行的重要细节。但在上诉时被告方坚持说法庭依靠这一证据是错误的，因为证人在催眠状态下给出的证词与之前不符。但在最后法庭还是驳回了邦迪的上诉，他后来承认了自己杀害28名妇女的犯罪事实，并被判了死刑。

由于催眠可能存在的一些问题，美国各州对受害者或证人在催眠状态下提供的证据都采用得非常慎重，各州针对获得证据的前提都制定了非常明确的规定。比如，同一名催眠师不应经常受雇于检察当局；催眠师必须是名副其实的专家；所有会面都应被录下来；必须注意不要引导被催眠的证人说出某个特定答案。

尽管法庭催眠还可能存在各式各样的问题，法律程序也极其复杂，催眠仍然在犯罪调查中发挥着重要作用，尤其是在缺乏线索的案件中，催眠的作用更加突出。这种情况下证人在潜意识里给出调查小组希望听到的答案的可能性很小。而此时证人在催眠中的回忆就有可能提供重要线索。

名人明星：流行文化的催眠效应

在我们身边众多的催眠效应中，有一股更为隐秘，却不可忽视的力量，那就是名人与明星的催眠。

人们羡慕名人和明星们那耀眼夺目、璀璨多彩生活，羡慕他们为世人瞩目，于是不由自主地加以崇拜并且将其视作自己的偶像。明星对粉丝所具备的天然催眠作用，在于他们无与伦比的感染力和号召力。为什么商家会不惜花费重金请这些明星做代言？他们要的就是明星的感染力与号召力，也就是他们的催眠效应，进而为自己带来巨大的经济利益。

虽然说明星最大的催眠法宝就是他们身上闪耀着的光环，但是作为明星，他们对外界更有一种隐含的权威性："我是个名人，我有自己的价值，我会为我说的话、做的事负责，所以我的话是权威的。我代言的品牌自然就会有广告效应，而且质量有保证。"于是，在这种权威性的催眠下，即便不是明星的拥护者，也会认同大明星代言大品牌的理论。

人们对于权威的崇拜和对权威情结的迷恋，让他们被所谓的权威诱导，对所谓的权威总是言听计从，从未产生过哪怕一点儿

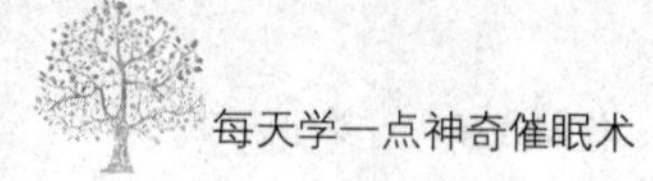

疑问。名人的头顶带着人们所羡慕的光环；名人走过的路是很多人想走但没有走的；名人拥有的感悟是很多人感觉到但是没有那么深刻的；名人说过的话是很多人一直想总结但没有他们总结得那么透彻的。因此，名人已经成为一个羡慕、崇拜、被人模仿和接纳的榜样。名人的行为语言甚至外在的装饰、声音、眼神都会被潜意识接纳，从而产生很好的催眠效果。

榜样的催眠效果是显而易见的，在人类文明发展的过程中起到了非常重要的作用。我们所谓的榜样，往往是在某个领域、某个行业达到了一定的造诣或者拥有人类本质中值得推崇的东西。他们的催眠效果，使后人不断传承他们所宣扬的一切美好的东西，并且在传承的过程中挖掘更深的层次，纠正现有的缺陷，不断扩充新的内容，加上时间的沉积，使得我们的认识水平不断提高。

网络文化：信息时代的集体催眠

当今社会可以说是一个信息化社会，随着互联网慢慢进入千家万户，网络文化在全世界范围内都变得越来越流行。上网看新闻、查资料、听歌、看电影、看帖子、写网络日志等都是很多人每天必做的事情，众多网络用户的信息交流和传播，慢慢形成了网络文化。网络文化实际上就是一种信息化时代的集体催眠。

网络日志就是一个很好的例证，它是一个人在网上的独有的空间，人们可以在上面随意地记录自己一天的情感或者发生的事情。在一个半公开化的状态下让不同的陌生人来评判自己的点滴生活，是一种非常新奇的方式。它既可以满足自己的社会认同感，又能在别人的思维中寻找新的、客观的、更多的内容，达到提升自己的效果。

在网络产物中催眠效果最强大的莫过于火爆的网络游戏了。为什么网络游戏能有这样火爆的场面？它是怎样吸引无数玩家眼球的呢？网络游戏本质上不过是“程序高手＋美工高手＋心理专家”三者联手制作的一个大型程序，这三者的组合，完美地创造了催眠玩家所需要的各种刺激和适宜的条件。

除了网络游戏，网络交流也具有强大的催眠作用。就用户的数量而言，网络游戏相对于网络即时通信的人群是微不足道的。即时通信工具最早的雏形是电子邮件。此后兴起的论坛、聊天室则是这一工具的进一步衍化升级，而QQ、MSN、微信等网络即时聊天工具的诞生，则标志着更加快捷、方便的网络联系方式的出现。

人们的每一个社会行为，都会受到某种思维模式的控制，而在不同思维模式之下实现的就是自己不同的角色，我们需要不断对这些角色进行确认。但是，在生活中，由于客观环境的限制与要求，我们必须遵循某一特定角色的思维模式以及行为模式，而这些模式很可能并不是我们内心真正认同的，压力自然就会产生。脱去现实身份所承载的巨大压力，我们在QQ上的表现就会是一个与众不同的自我。因此，我们经常看到在公司里，一些职员一边紧张有序地处理手中的工作，一边在电脑上QQ隐身聊天。